“十三五”普通高等教育本科部委级规划教材

服饰美学

CLOTHING AESTHETICS

刘望微◎主　编
李晓蓉◎副主编

国家一级出版社
中国纺织出版社
全国百佳图书出版单位

内容提要

本书将服饰美与基础美学理论紧密结合，详细阐述了美与服饰美、服饰审美感受、美与服饰美的种类、艺术与服饰艺术创作、服饰美的原理、服饰穿着与搭配等内容。本书不是单纯的理论研究，而是将美学贴近现实生活，实现了美学中形而上与形而下的统一。同时，还配以大量美学案例，即对当今炙手可热的设计师和服饰品牌从艺术风格和美学价值方面进行解析。本书能深化读者的理论知识，提升审美情趣和文化内涵。同时，对传播服饰美学常识、提高服饰文化、完善素质教育有很大的意义。

图书在版编目（CIP）数据

服饰美学 / 刘望微主编 .-- 北京：中国纺织出版社，2019.2（2024.7 重印）

“十三五”普通高等教育本科部委级规划教材

ISBN 978-7-5180-5599-9

Ⅰ. ①服… Ⅱ. ①刘… Ⅲ. ①服饰美学—高等学校—教材 Ⅳ. ① TS941.11

中国版本图书馆 CIP 数据核字（2018）第 259302 号

策划编辑：李春奕　责任编辑：杨　勇　责任校对：武凤余
责任设计：何　建　责任印制：王艳丽

中国纺织出版社出版发行
地址：北京市朝阳区百子湾东里 A407 号楼　邮政编码：100124
销售电话：010—67004422　传真：010—87155801
http：//www.c-textilep.com
E-mail：faxing@c-textilep.com
中国纺织出版社天猫旗舰店
官方微博 http：//weibo.com/2119887771
唐山玺诚印务有限公司印刷　各地新华书店经销
2019 年 2 月第 1 版　2024 年 7 月第 2 次印刷
开本：787 × 1092　1/16　印张：10
字数：140 千字　定价：45.00 元

序

服饰美学在高等院校服装设计专业的培养计划中属于专业必修课程。服饰美学的特征是具有学科交叉性，并能解决现实问题，在理论上促进宏观美学的微观化和美学研究的细分化。服饰美学虽是一门年轻的美学分枝，但它现在已渗透到服饰行业的各个方面。认识并掌握一些美学基本知识对提高个人服饰文化和服饰素养有着极其重要的作用。

美是什么？每位哲学家对这个问题都有着自己的看法。这不是一个简单的问题，通过它可以辐射到许多问题的讨论。从古到今，从西方到东方，对“美”都有不同的解释。人皆爱美，都有对美的追求，但人又是如何判断美与不美呢？美的标准在哪里？服饰美，有时距离我们很近，可以真实感到它的存在，有时又那么虚无缥缈，无法让它协助我们来创作作品。所以期望通过编写此书给读者提供一个更专业、更开阔、更多元、更深入地学习服饰美学的方向。

笔者多年来从事服饰美学的教学工作，深入钻研了服饰美学中的一些基本理论和实践问题，期望通过编写此书对自己的研究做进一步总结。为了让读者学会欣赏服饰美，培养对美的生活情怀和品调，本书配以精彩而时尚的图片，做到图文并茂，这是笔者编写本书的初衷，也是本书的特色。

全书共六章，第一章、第二章、第三章由四川大学刘望微编写，第四章由四川大学刘望微、冯洁共同编写，第五章由四川大学李晓蓉、刘望微共同编写，第六章由四川大学李晓蓉编写。本书是“四川大学立项建设教材”资助项目之一。

本书在编写过程中得到了中国纺织出版社李春奕编辑的鼓励与帮助，在此深表感谢！
最后，请阅读此书的各专家、教师及读者给予批评与指正。

编著者

2018 年 7 月

目 录

提问：

01　美的定义是什么？

02　怎样辨别美与不美？

03　服装美与科学、社会学、经济学等有关系吗？

第一章

美与服饰美

漂亮的服饰谁都爱，它除了能让我们光彩照人、魅力四射，还能拓宽我们的视野，增强美学修养，更重要的是在社会交往中发挥着神奇魅力。但什么才算是漂亮的服饰呢？我们在此开始服饰美学的探讨。

第一节 从美的本质探讨服饰美

美的本质，通俗来讲即“美是什么”？这是我们在打开美学这扇门之前首先要探讨的问题。每位哲学家、美学家、艺术家对这个问题都有着自己的理解。所以它不是一个简单的问题，它可以涉及很多学科知识，更与艺术风格及艺术创作等问题密切相关。从古到今，从西方到东方，对“美”的解释是复杂的。我们只有了解各种关于对美的本质的认识，才能感知万千世界美的事物，才能帮助我们捕捉服饰的美，帮助我们实现服饰美的目标。

西方人对美的本质的探索始于古希腊。古希腊是美学思想的发源地，这里孕育了一大批著名的学者和哲学家，他们开启了对美的讨论，以柏拉图为最初代表。

柏拉图（Plato，前427—前347），古希腊哲学家，被誉为西方美学的始祖，也是全部西方哲学乃至整个西方文化最伟大的哲学家和思想家之一，一生著述丰富，主要分为对话和信件。涉及美学的对话有《大希庇阿斯》《伊安》《高尔吉亚》《会饮》《斐德若》《国家》《斐利布斯》《法律》等篇，但很多有关美的对话没有结论。

关于什么是美，柏拉图说：“美是永恒的，无始无终，不生不灭，不增不减。它不是在此点美，在另一点丑；在此时美，在另一时不美。在此一方面美，在另一方面丑；它也不是随人而异，对某些人美，对另一些人就丑。还不仅如此，这种美并不表现于某一个面孔，某一双手，或是身体的某一其他部分；它也不是存在于某一篇文章，某一种学问，或任何某一个别的物体，如动物、大地或天空之类；它只是永恒地自存自在，以形式的整一和它自身同一；一切美的事物都以它为泉源，有了它那一切美的事物才成其为美。”从中我们可以看出柏拉图认为美是普遍存在的，所有美的事物都有其共同特点，但美又不是具体某物。

虽然柏拉图对于美没有一个明确的定义，但是我们能看出他对美的探索，他所开启的美学探索的最初篇章，从而也能让后人看出对美下定义是很难的。

一、美是形式的大小和秩序论

柏拉图之后的哲学家亚里士多德（Aristotle，前384—前322），他认为美是“体积大小和秩序”。具体来说，亚里士多德认为美的事物必须具有可观性和整体感。可观性是指与人的视觉或听觉相吻合的东西，如太大或太小的东西超过了人的视觉范围，是不能引发审美感受的。整体感是亚里士多德对美学的又一大贡献。整体感是指内部各种成分的协调整合，以至于若是挪动或删减其中的任何一部分都会使整体松裂和脱节，这种整体感，把秩序、匀称、比例等形式规则统一结合起来，表述了一种从抽象到具体系统的美学思想。比如现实生活中，一座巍峨的大山和一个小巧玲珑的鹅卵石，它们的体积形状虽有很大不同，但都有可能是美的，因为它们都具有可观性，同时它们的组织具有均衡、主次、疏密、变化、韵律等形式美法则，从而让人们认识到美不再是虚无缥缈，而是可以用形式美法则理性地来定义。

同时，古希腊的先哲们也注意到了审美对象的数学特征，从数与形之间的奥秘去寻找美，创造出了伟大的黄金比例，以后的美学家、艺术家们又在此道路上不断探索，创造出等差、等比等众多优美的数比关系。

美学案例

达·芬奇密码

著名文艺复兴大师达·芬奇（Da Vinci，1452—1519）有一幅线描手绘作品，创作了一个完美比例人体，其中人直立平伸双臂形成一个外接四方形，四方形总边长28英寸，与月亮绕地球公转周期28天完全默契；人双臂微向上平伸并岔开双腿形成一个外切圆形，圆形周长26.4英寸，与太阳平均自转周期26.4天吻合，这就是著名的达·芬奇密码（图1-1），达·芬奇借此想告诉大家天地间美的事物都神奇地符合一定数的比例，而比例是形式美重要法则之一。

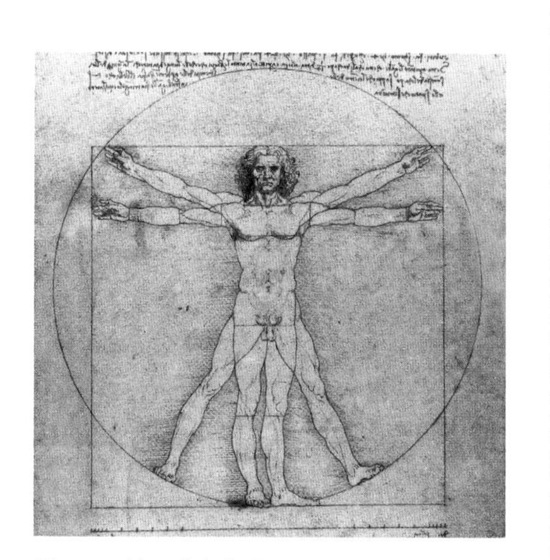

图1-1　达·芬奇密码

亚里士多德的美学理论影响深远，文艺复兴的艺术家们就是按形式美法则来指导自己的创作，被美学界认定为是古典美的发展。再到近代抽象主义大师康定斯基（Kandinsky，1866—1944）都深谙形式美之道（图1-2）。中国近代国学家王国维也认为美无欲无利，主张“一切美皆形之美”“一切优美皆存于形式之对称、变化及调和”。

图 1-2　康定斯基作品
看似随意的点、线、面，但各个元素的大小比例、位置排列、色彩安排等充分融入形式美的法则。

形式美法则至今也是服饰设计重要的创作方法，也可以理解为服饰欣赏与评论的一个角度。在服装设计中，它可以表现在方方面面，大到整体廓型，小到一针一线。西方服装设计师对纯粹的形状、色彩、质感等形式因素有特殊的创造敏感，使服装以抽象的造型，追求外在的视觉舒适性（图 1-3）。同时西方服装又在形式美的发展历程中，创造出非对称性、不协调的服装崭新造型方式，常采取自由、动感等与习惯冲突、与和谐对立的表现手法，突破形式美法则。我们将在第五章中对服饰形式美法则进行详细的介绍。

图 1-3　以抽象的造型体现服装的形式美（服饰品牌：Delpozo）

二、美是愉快论

“美是愉快的”是“英国经验主义美学家”观点，西方美学重要思潮之一。与“理性主义美学”相对。

>>> 美学知识

经验主义美学

经验主义美学产生于17~18世纪的英国，主要代表人物为培根（Bacon，1561—1626）、霍布斯（Hobbes，1588—1679）、洛克（Locke，1632—1704）、休谟（Hume，1711—1776）等。经验主义美学强调感性经验的重要性，把感性经验作为研究美学问题的出发点。经验主义美学的基础是培根的经验主义哲学和霍布斯的经验心理学。其主要特点是坚持感觉论、经验论，把感性经验当作知识的基础，把美学由玄学思辨转向实践经验领域。简而言之，经验主义美学家认为美的本质是“愉快”，当一个审美对象突然出现在你面前时，你还来不及理性思考它的构成法则，“愉快”的感受立即充溢于心，这个事物就被视为“美的对象”。反之当一个不美的对象出现在你面前时，你有种不舒服的感觉，这个事物就被视为“不美的”对象。任何艺术形式，如诗歌、建筑、音乐、绘画……都可以用“愉快”或“不愉快”来判断其“美”还是“不美”。

中国古代也认为“美”是像甘味一样令人感到快乐的对象。在日常生活中，“美”更多是用来指能让你产生审美愉悦的事物与对象，无论审美对象存在多么大的差别。如中国唐代女子大袖衫罗裙和西方女子罗布（图1-4），两种服饰都很美，都很好看，但是这两者彼此之间从造型上乃至风格上，无论在哪一点或哪一部分上，都毫无类似之处，但都能使人赏心悦目，究其原因在于它们都能让人感到“愉快”。

再如，近年来时尚界比较活跃的黎巴嫩设计师艾莉·萨博（Elie Saab）的高贵奢华、优雅迷人的晚礼服（图1-5）与荷兰设计师艾里斯·范·荷本（Iris van Herpen）前卫、充满创意并辅以夸张造型的概念性时装（图1-6）有着天壤之别，但同样具有艺术感染力，给我们以美的享受。许多不同风格服饰都具有一个共同的性质，而这一性质，我们称之为美。而千差万别的服饰之所以被统一地称为“美”，说明它们有一个“共同的性质”，这个“共同性质”就是审美主体投射在审美对象里的“愉快感”。

图 1-4　中国唐代女子大袖衫罗裙和西方女子罗布

图 1-5　设计师艾莉·萨博作品
优雅浪漫，给予人愉快的美感。

图 1-6　设计师艾里斯·范·荷本作品
前卫而带科技质感，给予人愉快的美感。

所以从理论上讲，服装美或不美，就看它能带给你什么样的感受。当人面对一款时装时，无论专业或非专业人士，立即会对它进行审美判断，而后专业人士才会具体分析它的风格、结构、工艺、色彩、创新等。“美是愉快论”表明审美是人天生具有的心理和能力，只要人的五感均正常，就能审美，虽然后天的学习有助于增强人的审美能力，但审美更多的是天性使然。

三、美是实用论

美的事物作为人类实践的产物同样具有功利性，也就是我们日常所说的“实用”。

◆ 美学案例

羊大为美

关于美是实用论，我们先从中国“美”字的发源说起。“美”字始见于东汉学者许慎的《说文解字》：“美，甘也。从羊，从大。羊在六畜主给膳，美与善同意”。资料告诉我们，“美”的缘由其实很简单，只要从古汉字的结构来分析就可以了，汉字中的“美”由羊、大两字拼合创造而成，所以称“羊大为美”，故“美”是一个会意字。那为什么古人会认为羊大为美呢？我们试想下，以当时的社会生产力，羊能“主给膳”充当食物，羊卷曲皮毛可制成衣给予取暖，羊角可制成首饰，羊身体每一部分均可为人所用，当然会被当时人类视为美的代表，看来美与实用真是有着千丝万缕的关系。

我们观察得到，现实生活中对人类有用的事物往往被视为美的对象，古有“羊大为美”，今有豪车豪宅为美。但美学界对美是实用论又提出异议，按此说法那好吃好喝的就是美了吗？美中有功利的因素，但美又不能完全等同于功利。新艺术流派大师威廉·莫里斯（William Morris，1834—1896）告诫大家，不要在家里放一件你认为有用但你又认为不美的东西，“实用与美”尽量一体化，设计师尽量在功能实用中体现美的属性，实用与美的相通，才存在真正的美。

从美的形成与发展来看，功利性先于审美性，常言道“食必常饱，然后求美；衣必常暖，然后求丽”“短褐不完者不待文绣”。很多事物都是在实用的基础上慢慢发展出审美功能，服饰的审美功能与实用功能相辅相成，共同发展到今天。设计大师可可·夏奈尔（Coco Chanel，1883—1971）就反对非生活化的、过分雕琢的服装，对包括一代宗师克里

图 1-7　夏奈尔套装一直秉承实用与美观相结合原则

斯汀·迪奥（Christian Dior，1905—1957）在内的许多设计师进行尖锐的批评，对限制人自由行动的高级时装也极为不满，认为美应尽可能与实用结合，所以 Chanel 品牌一直延续优雅而实用的风格，直线条剪裁，简洁而精美（图 1-7）。

四、美是关系论

“美是关系”由 18 世纪法国唯物主义哲学家、美学家、文学家、教育理论家狄德罗（Diderot，1713—1784）提出。狄德罗是 18 世纪法国百科全书派代表人物，第一部法国《百科全书》的主编。在他的《美之根源及性质的哲学的研究》《论戏剧艺术》《谈演员》《绘画论》《天才》等著作中，表述了他的“美是关系”的美学思想。

狄德罗的“关系”包括两方面：第一是客观对象本身形式方面的秩序，这就是美学前辈所概括的形式美法则，对于服饰美来说，服饰的款式、色彩、材质、图案等内部关系设计要符合形式美规律，但仅仅有此还不够。第二包括美的对象与其他事物相联系的关系，若这种关系处理不好，就不能呈现出美的效果。如漂亮的服饰还需穿着适宜，才能起到美的效果。

美学案例

花下宜素服，对雪宜丽装

中国古代谚语“花下宜素服，对雪宜丽装”深刻揭示“美是关系”的道理。

试想我们春天去踏青，到处繁花似锦，假若穿着一件有艳丽花纹图案的服装是不是与周围环境没有对比了，服装的美丽被埋没在花丛之中；假如穿一件素雅的服装，刚好与环境相互映衬，越显其着装动人之美。相反，当其环境切换至大雪白茫茫一片，这时就需要色彩作点睛之笔，艳丽带花纹的服装就像神来之笔，点缀到画面之中，瞬间为大地带来生气，所以服装美与外界环境密不可分。

安娜·卡列尼娜

在托尔斯泰（Лев Николаевич Толстой，1828—1910）的不朽名著《安娜·卡列尼娜》中有一段重要的舞会描写，上流社会的淑女贵妇们纷纷打扮得如娇艳的花朵，满身都是炫目网纱、丝带、花边和鲜花，这样的打扮当然很美，但置身于光怪陆离的华丽舞会中，再奢华的晚装也会被湮没在芸芸众生之中。而书中的女主角安娜却别出心裁地选择了一件黑丝绒的敞胸连衫裙，天然的乌黑头发中间插着一束小小的紫罗兰，而在钉有白色花边的黑腰带上也插着同样的花束，为她的黑色礼服增加了几许灵气，使她成为舞会上最引人注目的、最妩媚动人的女子。在这里并不是黑衣服比其他艳丽晚装更美，而是在花团锦簇的特定环境中，暗淡黑衣服却异常炫目耀眼。安娜领悟到了服饰与环境的互相衬托关系，可见安娜对服饰的审美能力超过周围的其他贵妇（图1-8）。

图1-8 少年版《安娜·卡列尼娜》插图
安娜穿黑裙出席舞会，在五彩缤纷的舞会环境中成为注目的中心。

“美是关系”这一规律似乎放之四海而皆准。“接天莲叶无穷碧，映日荷花别样红”“绿竹含新粉，红莲落故衣”等优美诗句也说明了美的事物需要其他事物的映衬，在于与其他事物之间的关系。

女作家萧红有一次问鲁迅先生自己的红裙子漂亮不漂亮，鲁迅先生从上往下看了一眼："不大漂亮。"过了一会儿又接着说："你的裙子配的颜色不对，并不是红上衣不好看，各种颜色都是好看的，红上衣要配红裙子，不然就是黑裙子，咖啡色的就不行了，这两种颜色放在一起很浑浊。"

"美是关系"，在服装中还表现在：我们常说服饰美不美，主要看它穿在谁的身上、穿在什么场所、穿在什么时间。身材高挑的少女穿着超短裙是很美的，但同款超短裙若穿在老太太身上就会让人啼笑皆非，这是体型与服装的关系未处理得当；浓妆艳抹出席葬礼，一身黑衣出现在婚礼上，短袖汗衫出入高级饭店，一身名牌进入菜市场，这是未处理好服饰与场所的关系；总统打扮得如摇滚歌手，艺术家衣着如法官，这是未处理好服饰与职业角色的关系。当影视明星出现在舞台上时，尽可能的性感迷人，时尚前卫，但其若到贫民窟慰问，一定会穿得朴素大方，尽可能与环境相适宜。公司白领上班时衣装一定要剪裁合理，色彩和谐，式样相对保守，白衬衫是永不过时的选择，下班后着装就可以色彩对比强烈，时尚靓丽。

美学界认为狄德罗美学论强调美要与周围事物联系起来分析，是形式美学的进一步深化，但他对关系的含义、关系产生的社会根源等方面说得不够清楚与全面。

五、美是性本能的升华论

>>> 美学知识

人的潜意识是美的动力

弗洛伊德发现人的意识可分为三个部分：上层是意识层，最下层是人的潜意识层，介于这两者之间的是前意识，与这三个部分对应的是人的三重人格结构：超我、本我和自我，行为原则分别是：理想原则（道德原则）、现实原则、快乐原则。人的行为力量的源泉来自于潜意识中的性本能。他指出人的这种本能常常在意识控制之下得不到表现和宣泄，郁积在潜意识中。这种郁积会导致压抑和精神病，而这种潜意识得到宣泄、表现，人就会感到愉快。梦是人宣泄潜意识本能的一种重要方式，艺术家的艺术创造是宣泄潜意识的另一种方式。同时这种宣泄与梦稍有不同，如果说梦的宣泄是赤裸裸的宣泄，艺术家的宣泄则是"化妆"过的宣泄，以光明正大的形式呈现在人前，因而是潜意识的"转移"和"升华"。在艺术创作中，适时适当地让较微弱的性感参与其中，因为人的"性欲"是人的行为动力源泉，通过联觉的作用，以增强艺术作品视觉、听觉的美感效果是必要的。如在绘画中将人体画得性感一些，对增强其视觉效果有好处。

到了现代，把美归结为人的主观心意状态的另一学派是以弗洛伊德（Sigmund Freud，1856—1939）为代表的精神分析学派。

若以弗洛伊德意识论来分析服装设计，服装作为一种特定艺术形式，也存在着宣泄人的潜意识的功能，服装中的美就是要表现出性感。性魅力是美不可或缺的要素，甚至是最重要的要素，当性感淋漓尽致地呈现出来，设计师与观赏者的性意识得到宣泄，身心就会感到愉快。所以服装经过数千年的演绎与变化，性永远是设计师们最乐意表现的艺术主题之一，服装中的紧胸、包臀、低领、透视等设计就体现出对女性第二性征的爱慕；服装中的垫肩、扩胸、收臀等设计体现出对男性第二性征的追求。意大利奢侈品牌范思哲（Versace）以神话中的蛇妖美杜莎为品牌标志，代表着致命的吸引力。范思哲的设计风格非常鲜明，强调快乐与性感，领口常开到胸部以下，性感地表达女性身体（图 1-9），前任设计师詹尼·范思哲（Gianni Versace）直言不讳道："性就是我要表现的主题"。法国设计师让·保罗·戈尔捷（Jean Paul Gaultier）被称为"时尚界的坏男孩"，他的设计放纵而性感，曾为麦当娜（Madonna）设计的风靡一时的演出服：肉红色的紧身胸衣、散发着金属色泽的锥形胸罩、加上艳丽丰盈红唇及唇边的黑痣，简直就是性感的直接表达。众多女装秀场，也让我们看到了一个个魅力十足的性感情色世界，如大玩裸露的透视装、镂空装，在有些"肉"欲的设计中，大师们同时又赋予服饰优雅（图 1-10）。

图 1-9　带诱惑与性感特色的晚装（服饰品牌：Versace）

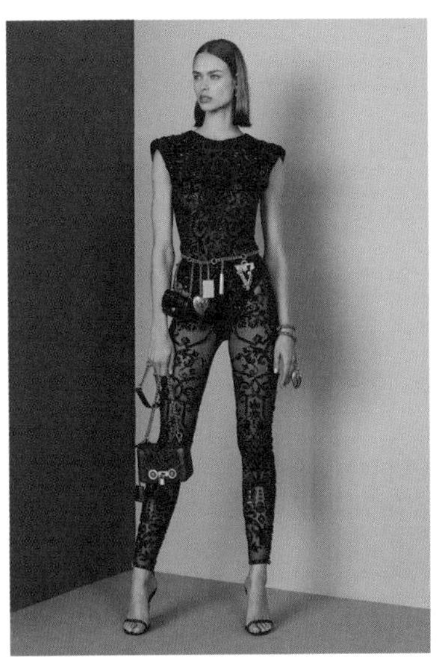

图 1-10　性感透视镂空装（服饰品牌：Versace）
性是服饰表达的重要主题之一。

有关美的本质比较重要的还有“美是理念的感性显现论”，提出者是德国哲学家格奥尔格·威廉·弗里德里希·黑格尔（Georg Wilhelm Friedrich Hegel，1770—1831），他出生于今天德国西南部符腾堡州首府斯图加特。他于 1829 年就任柏林大学校长，其哲学思想被认定为普鲁士国家的钦定学说。

黑格尔认为美是理念的感性显现。理念就是绝对精神，黑格尔又称其为“普遍力量”“意蕴”，实际上就是指艺术的思想内容。感性显现就是艺术的传达与表现。艺术就是在有限事物的感性形象中显现出无限的普遍真理。黑格尔的美学思想倾向于艺术论，他认为美学近似于艺术研究，因为艺术美高于自然与生活美。

>>> 美学知识

美学之父

西方美学之父亚历山大·哥特利市·鲍姆嘉通（Alexander Gottliel Baumgarten，1714—1762）提出美是感性认识的完善论，鲍姆嘉通是德国启蒙运动时期的哲学家、美学家。历来在美学史上形成共识的看法是他第一个采用“Aesthetica”的术语，提出并建立了美学这一特殊的哲学学科，被誉为“美学之父”。他的主要美学著作是博士学位论文《关于诗的哲学沉思录》（1735）和未完成的巨著《美学》（1750—1758）。鲍姆嘉通不仅是美学学科的创始人，而且初步规定了这门学科研究的对象、内容和任务，确定了它在哲学科学中的地位，使美学成为一门独立的学科。

鲍姆嘉通指出，人的心理包括三个部分即“知、意、情”，与之相应的活动是科学、道德、艺术。他认为“知”“意”都建立了专门的学科，而唯独没有关于感性认识和情感的专门学科，这是知识界的失误。鲍姆嘉通是理性主义者，因此他与其他的欧洲理性主义认为一样只有理性认识是高级认识，感性认识则是低级的，审美不属于高级的理性认识，而是低级的感性认识。“感性认识的完善”才是美，“感性认识的不完善”则是丑。其美学实质就是：人的感官认识到事物的完美，并产生愉快圆满的情感就是美了，与我们前面介绍的“美是愉快论”不谋而合。

除此之外，还有许多对美的定义，如“美是自由的感性表现”“美在意象”“美是距离”“美在境界”“美是对象化的情感”等，在此就不一一叙述。总之，几千年来人们一直试图给美下一个定义，但正如美国美学教育家桑塔耶纳（Santyanna，1863—1952）在其《美学史》里所说的，到现在我们还不能说有哪一个美的定义得到举世公认，同时给美下定义是无意义也没有必要的事。因此有很多人反对给美下定义，形成了一股美学史上的怀疑主义和相对主义思潮。学习服装设计的读者，接受哪个美学流派思想无关紧要，每个人按自己的理解去诠释美，创作出独特的美就达到了学习美学的目的。

第二节 审美活动的产生

一、审美起源于社会实践

审美活动是人类社会中基本而常见的活动，对自然美的欣赏，对社会美的营造，对艺术美的构建，每天都在各处发生，当物质需求满足后人就有了精神需求，出现了政治、科学、艺术等文明形式。美学发展史告诉我们：美起源于社会实践，一切艺术符号都不是一开始就成为了艺术符号，而是在物质资料的创造过程中慢慢发展起来的，原始社会的实践并没有纯审美的艺术活动。后来所谓的原始审美活动混杂在日常生活中了，正是无数的生活生产实践，使这些艺术符号日渐精练和稳固。譬如原始的巫师既是史前社会的权威，同时也是最早的不自觉的艺术家，他们是诗、乐、舞三位一体的实施者和指挥者。那时他们虽然不把这些活动当成审美活动，但是无意之中为后来审美活动深入发展准备了契机。还有现在发掘出来的很多史前洞窟壁画及原始彩陶器（图 1-11），古拙而生动，在形式感、造型、阴阳面的处理、着色等方面表现出了相当熟练的把握能力，而这些原始形象又直接来源于生活，是对自然和生活的临摹，如植物花草纹、鱼纹、水纹、舞蹈的人体、狩猎

图 1-11　原始彩陶器上的纹饰
原始器皿实用功能达到后，人们开始装饰它以满足审美需要。

的人群等。当人类掌握了器皿的制作方法并用于生活中后，继而在上面描绘装饰，展开了对美的追求。

所以从人类总体发展来看，物质需求早于精神需求，人在满足了实用基础上开始了审美活动，而在服装文化进程中则相反。

二、服饰起源于“美”

服饰的功能在漫长历史长河中依次而出现，也就是说，服饰的护体保暖、遮羞、审美等功能按先后顺序产生，可能某一种功能最先出现，随着自然环境、科学、文化的发展变化，服装的其他功能才依次产生，最终各种功能有机结合起来，现代意义上的服装才被确定下来。人类学家认为，服装的遮羞功能不是最先产生的。根据研究，近现代很多原始部落都是裸态生活，在原始人那里，不但不注意性遮蔽，反而很注重表现并强调性。直到现在，南太平洋诸岛上一些原始部族的男性，仍然在下体系结着一个阴茎鞘来表现自己的性特征。有些印第安人也有这种习惯，甚至还在外面镶嵌上宝石。护体保暖功能也不会最先产生。服装史学家布兰奇·佩尼（Blanche Payne）认为，“人类可能是从宜人的气候条件下发育进化而来的，根本不需要任何衣物在身，因为他们的生活环境不存在隆冬严寒”。人靠体毛抵御寒冷的气候经历了漫长的岁月，裸态地生活在严酷的自然环境中，不需要特别保护。科学家们还发现，世界上一些土著人身上有着奇特的雪融现象，他们具备超强体温的调节能力，自如地抵御气候的变化，并不像现代人这样脆弱。

实际上，大多数服饰研究者认为服装产生于

“服装美”，审美是最初的服装功能，人体装饰是最原始的服装，装饰为前，衣服为后，人类始祖在没穿衣服的时候就开始学会装饰自己的身体。现代人类学研究已经证明，一些裸态生活的原始部落成员均不需要穿衣服，但要用耳环、耳坠、手镯、臂环、项圈、羽毛甚至文身、割皮、打孔等方式来美化自己（图 1-12）。布兰奇·佩尼的结论是这样的：“当初，人们对皮肤的各种装饰和点缀，正如我们可以想象的那样，大概要远远领先于后来的正式着装。在身体涂抹颜色，一定是出于美化自己这一动机”。所以，服饰与其他人类实践产物相反，是“审美功能”先于“实用功能”产生。

图 1-12　印第安部落人对身体的装饰

第三节　美学及服饰美学研究的内容

一、美学研究的内容

鲍姆嘉通认为美学研究的对象就是感性认识，就是情感。在他这里，感性认识是情感活动的范围，还没有上升到理性认识；只有“感性认识的完善”才美，感性认识的不完善则是丑。他还认为感性认识的完善最能在艺术上体现出来，因此美学（感性学）的研究内容当然就包括一切“美的艺术”，如诗、音乐、绘画等。

黑格尔认为美学实乃艺术哲学，在其《美学》中开宗明义地说：“美学的对象就是广大的美的领域，说得更精确一点，它的范围就是艺术。”黑格尔只承认艺术美，而且贬低自然美。艺术哲学的另一代表是法国的丹纳（Taine，1828—1893）。他在其《艺术哲学》中也是以艺术作为美学研究的对象。按照社会学眼光，他提出了著名的影响艺术的三大因素：时代、种族、环境。从实际情况来看，艺术确实是人类从精神上掌握世界的一种独特方式，在质、量和社会作用等方面的影响都远远超过自然美和生活美。艺术美是一种更高级的美，它是人类审美理想的集中体现，了解了艺术美，才能更好地理解现实美。但是仅仅以艺术为美学研究的对象，那美学与艺术理论如何区别?

近代以来一切心理学性质的美学认为美学研究的内容是审美心理经验，比如李普斯（Lipps）的“移情说”美学、阿恩海姆（Arnheim）的“格式塔”美学等都是从人的审美心理、审美经验来研究美，研究人的审美心理过程及审美意识。利用心理学知识来切入美学研究，不失为一条有启发性的途径。

综合以上各种观点，美学就是研究美的一门科学，概括起来研究的主要内容：

（1）美，如美的产生、发展；美的本质、特征、功能。

（2）审美感受，如审美心理，审美意识，美感的发生、发展、特征及其规律。

（3）美的创造，如社会美、艺术美的创造规律、发展规律、鉴赏规律等。

（4）自然美、社会美、艺术美等美的形态及丑、崇高、悲剧性、喜剧性等美的范畴的美学特征。

（5）审美教育。而其中艺术是美学研究的重点，因为艺术美比其他一切美都更加典范、更有感染力，故艺术美比其他美更利于我们认识美的真相，发现美的规律。

美学是一门边缘学科，美学研究需要利用哲学、文学、艺术、伦理学、人类学、心理学等学科资源为己所用，同时，对生理学、数学、物理学等自然科学也有所涉及。美学研究具有跨学科的特点，其中哲学是美学的基础，艺术是美学重要的研究内容。

二、服饰美学研究的内容

服饰美学是美学下的一个小分支，它属于美学大系统中的通俗实用美学，但同时与哲学、服饰艺术理论、心理学、民俗学、社会学等学科息息相关，和基础美学一样是一门边缘性学科，涉及范围非常广，本书将其基本归纳为：

（1）服饰美的产生与发展、服饰美的本质。

（2）服饰审美感受与审美心理过程。

（3）服饰审美范畴与风格。

（4）服饰艺术创作与鉴赏。

（5）服饰美的原理。

（6）服饰穿着与搭配。

三、服饰美与真、善的关系

>>> 美学知识

真、善、美

真是指事物自身发展与变化规律，就是要客观地去认识世界发展的规律，追求真理，主要是数理化、生物、工程等理工学科研究的范畴；善是指要对人类社会有用的，符合人类社会发展目的事物，主要是伦理学、社会学、法律、政治等文科研究的范畴；而美是指在真和善相统一的基础上，满足人们对美的追求和需要，给人精神上的愉悦的事物，是自然与艺术研究的范畴。

真、善、美三者都是人类永恒的追求，三者之间互为依存，缺一不可，最完美与最理想的世界就是真、善、美高度统一，世界上理想的事物也是真、善、美的统一体，而艺术虽是人创造的美的形象，但它的创造又要合规律性和合目的性，合规律性就是真，合目的性就是善，才会实现其既生动而又美的形象。比如文学既要揭示真实的生活与人性，又要达到审美高度，还要对人生及社会理想有所启迪。建筑既要利用工程力学等科技知识构建，又要适应人性化、社会化要求，同时还要有创新性外观设计，使其别具一格，著名的泰姬陵、悉尼歌剧院、帝国大厦、北京故宫等建筑都是真、善、美的典型代表（图 1–13）。

图 1–13　著名的泰姬陵
世界上许多优秀的建筑都是真、善、美的统一体。

服装同其他艺术门类一样需要真、善、美的统一。服装的真表现在服装面料、服装结构、服装工艺等方面，譬如，服装面料要穿着舒适，美但不适宜穿着的服装是不“真”的。而功能性服装更加重视真的性质，如游泳队比赛服，由专供特殊贴身面料制成，有着特强弹性，最大限度上保证运动员伸展动作，不受束缚。泳衣和泳裤还有排水槽的设计，能够针对运动员身材特点，让运动员在入水瞬间迅速将泳衣与身体间的水排出，减少入水阻力，加之简洁的视觉设计，是美与真的完美典范（图 1–14）。

诸如此类的高科技功能服装还有很多，如带有变色、散发香气、吸热、杀菌、无需清洁、夜光等功能的服装。还有一种强漂浮纺织面料制成的服装，人一旦溺水会在水中轻松漂浮起来，像是穿上了带空气的救生衣。美国、德国、日本等各国设计师都在加强对高科技服装的研究，致力于将服装的真与美更加紧密结合起来。如图 1–15 所示，设计师高颖设计的充满奇幻魅力的能发光服装。

这件裙子于 2013 年上海当代艺术博物馆展出，利用高科技技术，能识别人的目光。裙子由透明硬纱和荧光线缝制而成，布料中嵌入瞳孔识别技术来追踪眼球，当检测到有人注视它时，传感器随即触发裙子上的微型运动原，使它能迅速反应，于是在人的注视下裙子会发光起来，这样让穿衣者立即觉察出有人在注视自己。

服装的善体现在服装的伦理、经济等方面，是服装心理、市场销售、成本管理等研究的主要内容。具体来说，服装穿在特定的人身上，量身定做使尺寸非常合体，又能恰如其

图 1–14　泳衣将美与功能性完美结合起来（服饰品牌：Free People）

分地传达特定穿着主体的身份、职业、地位、气质等，这就是我们所说的“善”。在满足穿着者社会属性前提下，最大限度地省工省料，降低成本，这也是“善”的追求，加之款式造型要有独特的风格，造型美观，符合社会流行趋势，这就是善与美的统一（图 1-16）。而一些过于暴露、过于色情的服装，往往不被大众所接受，就因为它不符合社会伦理要求，少了“善”的性质也就没有“美”的潜质。同样，过于烦琐复杂的设计，由于成本过高，不符合实用及经济要求，缺少“善”的性质，也就无法承载“美”。

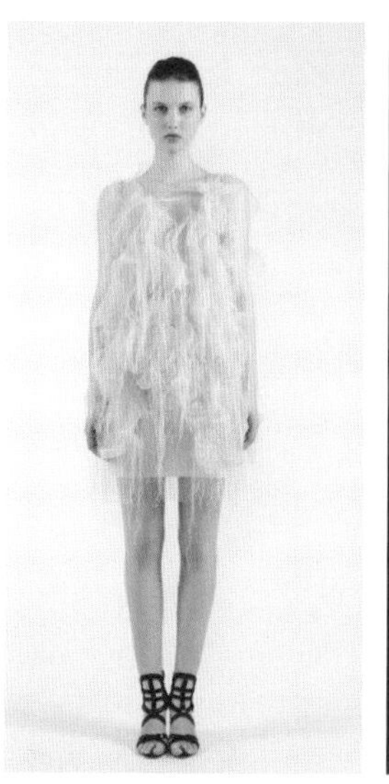
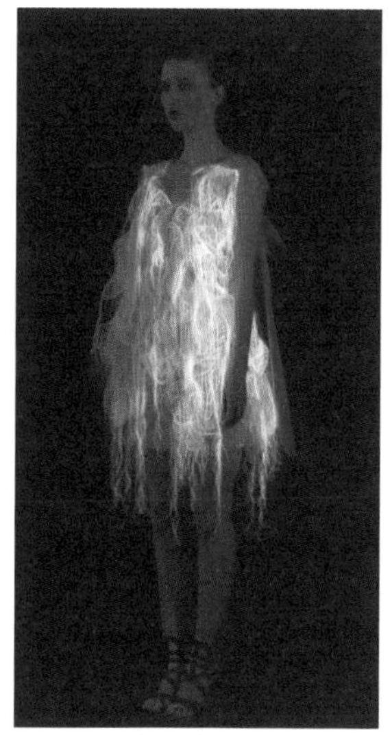
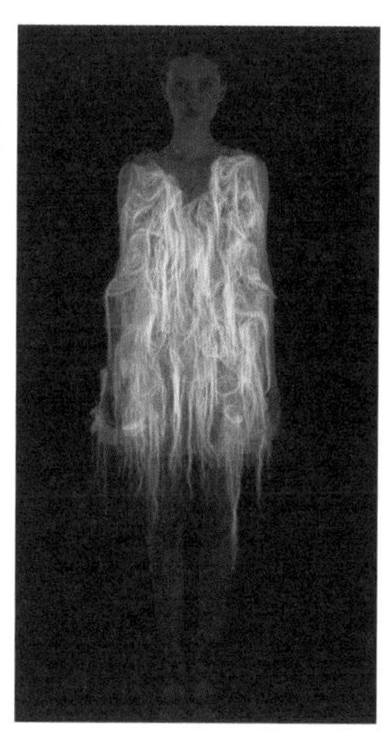

图 1-15 高颖设计的因别人的注视而发光的服装

图 1-16 服饰满足美观前提下实现对“善”的追求（服饰品牌：Versace）

图 1-17　优秀的服饰是真、善、美的统一体（服饰品牌：Elie Saab）

一件美的作品中不能缺少真，也不能缺少善，我们所看到的美实际是包含了真与善的美，一件美的服装也同样如此。美与真、善一起构成人类追求的三个向度，而其中美的真面目又是最难看清楚的，人类不懈地对“美”予以揣摩和研究，竭力揭开它神秘的面纱。

对服饰艺术来说，真正优秀的作品一定是真、善、美的统一（图 1-17、图 1-18），服装既要美又要实用，还要适宜社会环境，一些唯美而不实用的服装只能是昙花一现，或是设计师卖弄才华的工具，给人以美的刺激之后就消落了，不能成为永恒的经典。当然，不同的服装偏重方向略有不同，功能类服装偏重真，职业服装偏重善，设计师品牌服装更偏重美。但无论什么服装都应该设计为真、善、美的统一。

图 1-18　服饰应设计为真、善、美的统一（服饰品牌：Versace）

本章小结

● 关于美的定义众说纷纭，各种美的本质论相互批判又相互继承，但都从不同角度揭示了美的特性。

● 人类总体发展来看，物质需求早于精神需求，人在满足了实用基础上开始了审美活动，而在服饰文化进程中则相反，服装起源于审美需要，服装审美功能早于实用功能。

● 美学是一门边缘学科，美学研究涉及哲学、文学、艺术、伦理学、人类学、心理学等学科。

提问：
01 什么是美感？
02 美感的产生与理性有关吗？
03 如何理解美是距离？

第二章
服饰审美感受

为什么有的事物能让人感觉到美，有的事物却不能让人感觉到美呢？为什么对于同一事物，有些人认为美，有些人又认为不美呢？为什么有的事物，过去人们认为是美的，现在又认为不美呢？对于这些美学现象中最平常的、最受关注的疑问，引发出了许多思考。从古至今，有许多学者试图用超人的智慧和努力来解决这些问题。

第一节 美感及其产生

一般所谓“美感”，有广义和狭义之分。广义的美感可称为审美意识，是指审美对象反映在人们头脑中形成的一切主观的意识形态，它包括审美感受、审美标准、审美差别、审美能力、审美观念、审美理想等。审美感受是构成审美意识的基础。狭义的美感则专指“审美感受”，通俗来说就是人通过审美而获得的愉快感，或者说，是人在接触到美的事物时所引起的一种感动，是一种赏心悦目和怡情悦性的心理状态，是对美的认识、欣赏与评价。这一章我们先从狭义的美感来开始讨论。

一、美感的产生与感官有密切的联系

中国传统文化认为美感是经由心及五官来产生的。老子曰：“五色令人目盲，五音令人耳聋，五味令人口爽，驰骋畋猎令人心发狂，难得之货令人行妨。是以圣人为腹不为目，故去彼取此。”孟子曰：“口之于味也，有同嗜焉；耳之于声也，有同听焉；目之于色也，有同美焉。至于心，独无所同然乎？心之所同然者何也？谓理也，义也。圣人先得我心之所同然耳！”

西方美学界也认为美感与眼、耳等器官有关。柏拉图认为，“美是由视觉和听觉产生的快感”“从眼见耳闻来的快感”“为什么要否认其他感觉——例如饮食色欲之类快感——之中有美？这些感觉不也是很愉快吗？”

黑格尔认为艺术的感性事物只涉及视、听两个认识性的感觉。嗅觉、味觉和触觉则完全与艺术欣赏无关。

不可否认，五官受到外界的刺激会产生愉快、舒适的感觉，它是机体的本能反应，也是美感产生的最初根源，没有五官就没有美感的产生，如失聪者无法欣赏到音乐的美感，失明者无法欣赏绘画作品的美感。但仅有五官对于审美也是不够的，动物也有五官，而且多数动物的五官比人更灵敏。据估测，狗鼻子的灵敏度至少是人鼻子的1000倍，也就是说同样的气味分子，人鼻子嗅到时的浓度再稀释1000倍，狗鼻子都可以嗅到。老鹰可以从10公里的距离发现猎物的活动，你不难想象它的视力有多强，但无论动物的五官功能有多强大，它们却不能用之来审美，审美是人所特有的精神活动，所以美感产生还有其深层根源。

二、美感产生的深层根源

柏拉图认为美感产生的深层根源是灵魂在“迷狂”状态中对于美的理念的回忆，因此，美感的根源就是理念。他认为“美的理念”是“上界事物”和“永恒真实界”，每个人的灵魂在生下来之前，都曾被关照过“上界事物”和“永恒真实界”的美，只是自从生下来之后，由于受到尘世罪恶的习染而忘掉了它。只有少数人凭着“神灵”的依附，进入“迷狂”状态才得以回忆起美。普洛丁（Plotinus，204—270）继承柏拉图的理式根源说，认为美感产生的契机是心灵见到理式的或神的美所引起的。康德（Kant，1724—1804）认为美感源于观赏者心境的愉快。观赏者心境愉快了，就有美感产生，心境不愉快了，就不会有美感产生。

>>> 美学知识

人的内感官

哈奇生（Hutcheson，1694—1747），英国18世纪著名美学家，他认为有些事物之所以立即引起我们美的愉快感，是因为我们具有“适于感觉到这种美的快感的感官”。这种感官就是内感官，这种感官与外在的五官是不同的。外在的五官只能认识一些简单的美。这也就是把美感的根源归结为人天生具有的特殊感官。即美感是人天生就具有的。

现代美学对美感有较全面的解释。人们通过感觉器官（以听觉器官和视觉器官为主）对审美对象产生最初的快感，感觉是美感产生的起点；在对审美对象进行筛选的基础上产生综合的知觉，再对审美对象进行整体把握，形成主观映像；由于审美对象的信息刺激，以及过去的生活经验和知识积累的调动，在人的头脑中产生组合新形象的创造性想象活动，常伴随着具有先前理性认识基础的情感体验，就会使人在心理上产生愉悦感，这就是美感产生的心理过程，也就是美感不同于快感的深层根源。在这种特殊的心理体验中，人的情感占据着主导地位，同时蕴含和渗透着知觉、想象、理性等心理学因素，使人达到怡然自得的人类所特有的审美境界。

第二节　服饰美感的特点

一、服饰美感是感性与理性的统一

凡是美的事物都有具体的形象，而对具体形象的感受，必须依靠感觉和知觉来进行，这种对美的直接感受就是感性，但人们对形象的感知又往往不满足于停留在感性的表面，而是深入到事物的内涵、意蕴的层面。要把握美的事物的内涵、意蕴，必须有相应的理性思维活动，即理解。所以，美感又表现出理性思维的特征，是感性与理性的统一。

◆ 美学案例

断桥残雪

杭州西湖有一个著名的景点叫“断桥残雪”（图2-1），它是一座高高的古典青石拱桥，与别的古代拱桥没有太大的区别，这时虽然有美感但是不深刻。但是假如你听说过它的浪漫故事背景，那就是传说中白娘子与许仙在一个烟雨濛濛的清晨，在这座拱桥上相遇并一见钟情，从而演绎出一段流传千古的生死恋，此刻你再欣赏这座桥时，在你眼中它不再是一座普通的石桥，而是一座蕴含着人类美好情感与寄托的石桥，对它的审美就将达到新的高度。因此，要把握一件事物美的内涵，往往要了解它背后的故事。

图2-1　西湖断桥残雪

在服饰审美中，当外行观赏时装秀时，看到五彩缤纷的服饰，也能感受到色彩、质地、图案等初级的美感。如果是学习过服装知识的专业人士，则会分析服装的风格、工艺特点、价位、适合人群等，一边感受一边理解，使美感不断向前发展，不着痕迹地将美感推向高点。由此可见，理性在审美中起重要的推动作用，服饰美感是理性与感性的统一。

二、服饰美感具有精神满足感

在对美的对象进行欣赏与直观的时候，人们往往会产生赏心悦目的心理反应，这是人的审美需要与审美理想得到满足之后所产生的精神上的愉快，所以满足感是美感明显的特征之一。这种满足感与一般的生理快感是有区别的。快感是指人的五官受到外界刺激而产生愉快、舒适的感觉，它是机体的本能反应，只停留在五官感觉阶段，不涉及理性思考和认识判断，没有社会内容，只是一种生理现象。但美感却是一种包含着情感、想象、联想、理解等多种心理过程在内的复杂的心理活动；它有明显的社会内容，包含着对事物的理解和审美判断；它能超出生理快感，震撼人的整个心灵，使人的心灵更加高尚、美丽，使人的精神境界更加纯洁、宽广。

比如我们在穿一件服装时，由于服装面料的轻柔舒适，使我们体感得到温暖同时肌肉放松，这是生理快感得到了满足，同时感官的舒适可以促进心理上审美活动的深入，服饰营造出的美好境界使我们激动，心灵受到净化，产生舒畅欢快的情感，这就是精神满足感（图 2-2）。著名美学家李泽厚将审美愉悦分为三个层次：悦耳悦目、悦心悦意、悦志悦神，其中悦耳悦目是生理的快乐，其余全是精神的快乐。精神的满足不仅是物质的富足，这是包括爱心的获得、自尊的满足等。

图 2-2　美的服饰能让人得到精神满足感

图 2-3　LV 包

三、服饰美感具有潜在的功利

美感表面上好像是一种纯粹的情感愉悦，与功利没有关系。但细加分析，美感还是有功利的。人在主观上认为最需要或最向往的东西，就会使人产生最美的感觉。前面已经分析过“羊大为美”例子，在现代生活中多少人向往名车豪宅，这些奢侈品不仅是生活必需品，更是生活品质的象征，在人们心中肯定是极美的事物，你不得不承认，功利潜伏在美感之中，蕴含在愉快之中。

一个普通的女式手提包与 LV 包在实用性上没有太大的区别，但在时尚女性眼中，LV 包一定美过普通包成千上万倍，不光在于 LV 包的设计与制作工艺的精美，还在于它内含的品牌价值、奢华的象征等功利因素，俗气点说，就是物品的贵重提升了它的美感（图 2-3）。钻石与玻璃均能反射光芒，为什么大家都认为钻石极美？因为钻石比玻璃贵重。这也就是为什么在人们眼中名牌服装一定美过普通服装，因为金钱与地位常常作为衡量美感的因素。

所以，认为审美完全是非功利性等于痴人说梦，但审美中的功利不同于现实中的功利，后者是财富的满足，是一种实实在在的物质欲望的占有和消耗，是一种低级的需要。美感的功利性则不同，它不光是物质需要和占有，还是精神需要和享受。例如，齐白石画的虾不能吃，徐悲鸿画的马不能骑，却能给人以精神上的审美享受，正是由于美感的这一特点，所以欣赏美没有餍足之感，欣赏的优秀艺术作品越多，就越能陶冶性情，提高思想境界，发挥美感的潜在功利性。如果我们在欣赏一款服装作品时仅仅想到的是这款衣服可以卖多少钱，以后可以有多少利润，那么这种纯粹的物质功利性必然会破坏美感。

四、服饰美感的产生需要有距离

>>> 美学知识

审美距离

“审美距离”是由瑞士心理学家、美学家布洛（Edward Bullough，1880—1934）提出的，他认为，人进行审美时基本特征是要保持一定的心理距离。在一般认识中，距离只包括所谓“空间距离”与“时间距离”，布洛着重强调美学中的距离是一种“心理距离”，这种距离存在于欣赏者和艺术品之间。心理距离的存在，一方面切断了人和现实的功利关系，使事物或对象能充分显示出自己的本色；另一方面又使欣赏者的主观情感通过移情的方式，化作客观事物美的特征。布洛认为人与审美对象在心理上保持一种距离，而且对象与人又不存在危害时，则会有美产生。他以海上遇雾的例子来说明“美与距离”，旅客置身浓雾的行程中，由于担心遇到危险而焦虑、紧张、绝望地颤抖，但当这雾不会对我们有危险时，我们就会对朦胧缥缈的雾产生一种美感。很多美学家也支持距离是美感产生的一个重要条件的说法。

审美距离应该包括时间距离、空间距离、心理距离。距离太远或太近，都会使美感丧失。

当我们欣赏一件工艺品时，初次看到会非常好奇，再而仔细揣摩，就会越发喜爱。但当你把这件工艺品搬回家，天天都会有意无意识地看到它，美感就会减淡，从而慢慢消失。再如，你上街买了一件非常时尚的衣服，第一次穿着时欣喜若狂，第二次、第三次反复穿着，就绝不会对它产生新的美感，甚至到最后还有可能厌烦。这也就是为什么时尚总会推陈出新，因为时间距离影响人的审美。

很多欧美服装设计大师愿意到异域文化圈寻找设计灵感，因为欧美时尚圈的流行元素已经使大众审美疲劳，设计师期望空间距离带给大众新的审美刺激（图2-4）。中国现今很多消费者普遍欣赏外国设计师的作品，是由于距离带来的新鲜与神秘感，是很自然

图 2-4 带拉丁异域风情的设计（服饰品牌：Rapsdia）
因为距离因素，异域文化元素一直受欧美设计师青睐。

的现象。而在中国还不开放的 20 世纪 70~80 年代，在法国巴黎 T 台上光艳陆离的时装，却被国内大众看成是奇装异服，并没引起多少美的共鸣，这是因为距离过远限制了人的审美。

距离太远，事物就会显得与我们毫不相关，或是使我们看得不清楚，或是使我们不容易理解，从而使我们不能产生美感。而距离太近，则会使得现实的、功利的因素来搅乱我们的情绪，使我们无法进行正常的审美判断和进入审美的境界。所以，与对象保持一种若即若离的距离，既要入乎其内，又要出乎其外，是美感产生的重要前提。

第三节 服饰审美的心理过程

当观赏者进行服饰审美时，审美对象将引起人的一系列复杂心理活动与心理过程，下面按先后过程逐一分析。

一、感觉

>>> 美学知识

感觉是审美活动的基础

人的感觉包括视觉、听觉、嗅觉、味觉、触觉统称为五感，感觉是审美活动的起点，也是审美的最初级心理形式，是构成其他心理活动的重要基础。如果我们没到过桂林和阳朔，无法想象“山清、水秀、洞奇、石美”的具体形象，无法产生“桂林山水甲天下，阳朔山水甲桂林”的赞叹之情。所以感觉器官是审美活动的生理基础。在人所有的感觉中，视觉和听觉是最普遍也最重要的审美感觉。柏拉图《大希庇阿斯篇》记载：“美就是由视觉和听觉产生的快感”。就人与世界的一般关系而言，人获取外在信息的主要感官是视觉和听觉。根据生理学和心理学的统计，视、听约占整个五官获取信息量的85%，是获取各种信息的主要器官。视、听觉之所以成为最主要的审美感觉，原因是它们较少受生理欲望的限制，它们比其他感觉更具客观性和真实性，感受范围更广。

但是，我们并不能因此说其他各种感官与审美活动没有联系。我们认为人的五种感觉都能进行审美活动，但在量和质方面，有一定的差别。视、听之外的其他感觉如味觉、嗅觉、触觉等对审美活动也起到辅助作用，如欣赏雕塑艺术就可以利用触觉。历史上许多美学家认为味觉、触觉等感觉是生理性的，是享受性的，不是审美的感官，这是一种较为片面的看法。

我们在欣赏时装时就会同时触动人的视觉、听觉、嗅觉、触觉四种感觉（图 2–5）。服装本身就是视觉艺术，是用来看的，服装五彩缤纷的色彩与交相组合的造型均是用视觉去感受的。

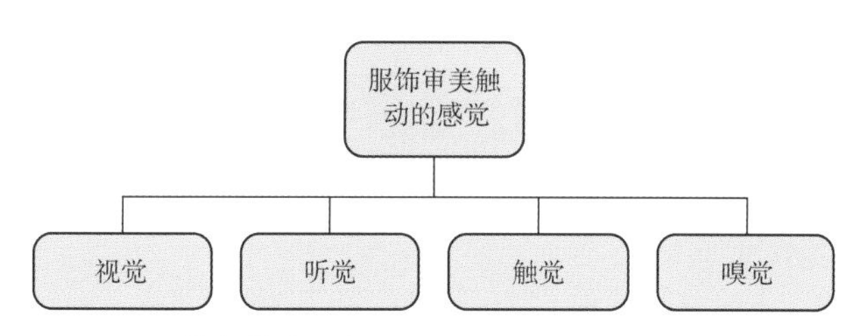

图 2–5　服饰审美过程中可以触动除味觉外的四种感觉

服装能用听觉来审美吗？答案是肯定的，试想一款服装若能发出悦耳的窸窣声，是不是会增加其美的价值，营造更高层次的美境。中国古代服装就很讲究服装的声音美，古代贵族服装上常系玉璧、玉佩、彩环等，女子头插步摇、凤钗等，均能发出悦耳动听锵锵之声。

服装能用嗅觉来审美吗？答案也是肯定的。美的服装再配上馥香四溢的气味，更会增添一番迷人魅力，所以古代女子用熏香、香包等配件使服装散发浓郁香气以增加美感，现代女子则用香水、香皂、香波为自己妆容锦上添花。

触觉也是服装审美的重要方面，如图 2-6 所示，春夏轻柔透明的纱罗衣料、奢华的桑蚕丝、光滑的丝光棉、闪光的金属丝均能传递出别具一格的触觉美感。再看看今年 LV 的毛衫衣料，如图 2-7 所示，你会惊叹于它精心设计的几何针法、带褶皱可伸缩的表面、质地轻柔的叠层，为毛衫增添了立体感与触觉美感。

图 2-6　面料的触觉美感

图 2-7　毛衫的触觉美感（服饰品牌：LV 毛衫）

一般来说，欣赏服装时，视觉是主要的感觉，但五感中除味觉之外，其他感觉均能对服装审美起辅助的作用。

二、知觉

审美知觉是感觉的发展，是指人对作用于感官的事物各部分特征的整体反映，是介于感觉和想象、情感等综合心理之间的一种心理形式。知觉把审美对象不同元素加以选择和概括，最后形成一个完整的整体。知觉通常有如下两个特点：

（一）知觉选择性

>>> 美学知识

鸡尾酒会效应

曾经有很多科学家研究过鸡尾酒会效应（cocktail party effect）。在嘈杂的鸡尾酒会中，存在着许多不同的声源：许多人说话的声音、餐具的碰撞声、背景音乐声以及这些声音经墙壁或室内的物体反射所产生的反射声等，而当有人叫你姓名时，你却能立即听到，这是因为人无意识地始终监察着外界刺激，一旦有一些与自己有关的特殊刺激，就能立即引起注意，这就是人的知觉选择能力。

人的视知觉同样具有选择性，由于视知觉的选择性，所以服装陈列的黄金区域高度一般在离地85~180cm，眼睛最容易看到的位置，一般陈列最有代表性、最吸引人的商品，而高于180cm或低于85cm的位置，通常设计为商品的储存空间或装饰空间（图2-8）。

图2-8 服装陈列黄金高度在85 ~ 180cm

图 2-9　知觉的选择（服饰品牌：Delpozo）

图 2-10　人的知觉将审美对象进行筛选后重组成一个整体形象（服饰品牌：Delpozo）

有时，人们面对同样的对象，由于心理意向的不同，其知觉角度也是不一样的，从而体现出知觉明显的选择性。如图 2-9 所示，Delpozo 品牌时装摄影作品，作品中展现了许多事物，在短时间内，人的视觉会随着个人的心理需求对其做出不同选择，这就是人的视力选择能力。

在短时间内观察这幅摄影作品，有人会先观察人物的面庞；有人会注意人物的着装；有人会注意人物肩上两只有趣的小鸟；有人会对背景花草记忆犹新。

（二）知觉整体性

人在欣赏美的事物同时，会将知觉选择后的对象重新组合成一个完整的主体，如图 2-10 所示，Delpozo 品牌摄影作品，我们看服装也不会长久停留在某一局部，只看到人脸或瀑布或服装，而是将各个细节经筛选后重组成一个整体形象，每个人重组后的整体形象是相似的，但又有差别，有人得到的是静谧夜晚中两美女的印象，有人得到的是粉色服饰与深背景明暗对比的印象。再如，我们听音乐，听到的不是一个个孤立的音符，而是流动的旋律。人的知觉有天生组合事物的能力。人的知觉不会停留于孤立、片断的映像上，这就是知觉的整体性。

三、联想与想象

人们在欣赏美的过程中，是一种充满着活跃的想象力的过程。人们不仅能感知美的对象所直接呈现给人的，而且还可以通过想象与联想创造出对象所没有呈现的。所以，美感还具有想象创造性。例如，当人凝视着天鹅美丽的身姿在湖面展翅，人启动了联想，从而创作出柔媚而轻盈的天鹅舞姿，随着天鹅舞蹈的发展，人再次通过想象，再次创作出由数层白色薄纱裁制而成的浪漫的芭蕾舞裙，从而使天鹅般的舞蹈形象更加栩栩如生（图 2-11）。曹魏文帝妻甄后，三国时代著名的美女，有一次在宫中看到一条绿蛇，弯曲盘绕形态非常迷人，于是根据蛇之盘形而得到启发，产生联想，自创出流传千古、巧夺天工的灵蛇髻（图 2-12）。克里斯汀·迪奥看到公园里盛开的郁金香联想到女人婀娜多姿的身形，创作出他第一个时装系列，被称为“新风貌”，一时间风靡全世界。这种大脑对已有记忆进行加工改造，从而创作出新形象的心理过程就是想象，而联想是由于一个事物的存在而想到另一事物的过程，是想象的初级形式。

在美感中，想象可以以无为有，以假作真，丰富和充实着审美对象的内容。它可以把美的对象中概括性、抒情性的内容，想象成更为丰富、更为多样的具体化的形象，以促进美感的深入发展。

图 2-11　芭蕾舞裙

由天鹅形象启动了人的联想，创作出白色轻盈的舞裙。

四、情感

简单来说，情感就是人们在感受世界过程中对外界刺激所做出的肯定或否定的心理反应，包括喜、怒、哀、乐、爱、悲、惧、惊等基本类型。如果说想象是审美的动力之一，那情感就是审美的内驱力，也是艺术

图 2-12　灵蛇髻

甄后受蛇形启发创作出的著名中国发髻。

图 2-13 服装的哀与乐

魅力的源泉。贝多芬（Beethoven，1770—1827）将自己对英雄的崇敬和仰慕，凝成世界闻名的《英雄交响曲》。毕加索（Picasso，1881—1973）出于对法西斯的憎恨，画出了立体主义的代表作《格尔尼卡》。

如同人无时无刻不在情感的海洋中沉浮一样，审美也不能没有情感，它是审美与艺术创作中必经的过程。服装艺术审美也是如此，优秀的服装作品也沉淀着人的喜、怒、哀、乐、悲等情感。出席葬礼的一身黑衣与大红色中式婚礼服分别流露出多少哀伤与欢乐（图 2-13）；而洁白的西式婚纱又承载多少神圣的喜悦；母亲亲手编织的毛衣凝聚了多少深切的爱。情感在服装中虽不如诗歌与音乐那么强烈，但它呈现出的情感依然随处可见。

美感中的情感活动是对美的事物欣赏而引起的。对艺术美的欣赏更能引起情感活动，我们常常对着伤感的电影和音乐而落泪，而对现实中相同的情景却无动于衷，这是因为艺术美比自然美和社会美的境界更高，更为集中，更加典型，更理想化，更带有普遍性，更能满足审美的需要，更能激起情感活动。艺术作品还渗透着艺术家的激情和情感。如果艺术家不在情感上被感动，就不可能塑造出生动感人的艺术形象。可以说，没有情感就没有艺术品。

五、理解与思维

审美中包含了比较、推敲、品位等理性活动。艺术之美一在情感，二在思想，情感出自感受，思想出自理解。审美中的理解是指人运用记忆、推理等方式来对事物做出理性判断与抽象归纳，将审美感受变成深入有序的思维过程与思维能力。审美活动中的理解虽然有时是以抽象思维的面貌出现，但它与纯粹的理性思维或抽象逻辑活动还是不太相同的。也就是说，审美理解除了具有一般理解的特点之外，还具有自己的独特之处。

（一）审美理解过程中始终伴随着形象

审美理解常与审美直觉在一起，是直觉与思维的统一。审美理解多数时候不凭借概念、公式等理性工具来展开，它始终伴随着鲜明具体的形象，渗透于形象的直观中。如当我们面对非常熟悉的设计师作品时，我们能脱口说出这个设计师的风格特征，并能准确地判断出其作品中的流行要素以及此作品与以往作品的不同之处，丰富的经验加上深刻的认识，能使美的感受能力更为高级，而这个设计师以往的作品形象始终栩栩如生地呈现于我们脑海。

（二）审美理解是情感化的理解

它是理智判断和情感判断的结合。一般来说，审美理解是化理为情，情又融于理，使人在情理交融中获得美的愉悦。一个民族情怀冷漠的中国人，无论如何也理解不了、欣赏不了中华民族传统艺术的美感。

和其他艺术形式审美一样，服饰审美的心理过程就是由感觉开始，经历了知觉、联想与想象、情感、理解与思维等心理活动后一个完整的过程，是一个充满激情而又调动人的想象力、记忆力、判断力等理性思维的美丽过程。

第四节　服饰审美意识

审美意识是指审美对象反映在人们头脑中形成的一切主观的意识形态，它包括审美感受、审美标准、审美差异、审美能力、审美观、审美理想等。审美感受是构成审美意识的基础，我们在前一节已经介绍过了，现在结合服饰探讨审美意识下的其他几个重要方面。

一、服饰审美差异

环肥燕瘦是一个十分生动的美学现象，在崇尚胖美为时尚的唐朝和以瘦为美的汉朝，流传下来的美女竟然如此大相径庭。现今世界时装界瘦骨嶙峋的模特肯定不会受古典人体绘画大师所青睐；古典大师安格尔（Ingres，1780—1867）油画中的珠圆玉润女人，拿现今时尚的眼光来看，腰圆背粗，腹部也太凸出，不是理想的人体。每个时代都有它独特的审美倾向和时尚，这种现象自古以来就有，是美学中不变的定理。

审美除具有时代性差异这一特征，同时还具有民族性差异特征。

在世界上大多数国家，人们都把保持牙齿洁白整齐作为漂亮和文明的一种表现。可是，越南人并不这样认为，他们以黑齿为美，甚至是一种贵族身份与地位的象征。因此，越南自古就有染齿的风俗习惯。世界上很多民族都有文身的习俗，这其中可能具有一定的宗教意义，但是大多数文身都是为了审美的需求，审美的需求与增强自己的吸引力是密切相关的，比如，在面部制造疤痕成为苏丹南部某部落青年的必需课，他们在选定的某个部位划出伤口，给伤口抹上盐，任其结成隆起的疙瘩（图 2-14），布满一身的小疙瘩又形成有规则的图形，被本民族认为是美与性感的象征。由于不同的民族有着不同的生活习惯、文化传统、民族心理和民族感情，所以很难形成相似的审美倾向，审美差异也就不可避免。

图 2-14　苏丹某部落以身体上的疙瘩为美

◆ 美学案例

缅甸长颈女

缅甸有个民族女子以脖子长为美，当女孩子长到大约五岁时，家人就给她脖子上套个金属圈，从此以后女孩每长一岁就增加一个项圈，直到成年后脖子被拉到尽可能的长度，脖子越长的少女意味着出嫁时将得到越丰厚的聘金，这种习俗在别的民族看起来是沉重的枷锁，在本民族却被认为是美丽与财富的象征（图 2-15）。

图 2-15　缅甸长颈族以长颈为美

审美差异也与个体有关，由于每个人的经济地位、生活方式、文化教养、生活环境、道路、命运和遭遇，以及心境、兴趣爱好等不同，因而也就容易形成各不相同的美感。如同有人喜欢豪迈奔放的交响曲，有人喜欢悠扬流畅的小夜曲。服装作品中，有人喜欢乔治・阿玛尼（Giorgio Armani）的优雅，有人喜欢戈尔捷的放荡不羁，还有人喜欢卡尔文・克莱恩（Calvin Klein）的简约极致。所以很多时候评论家、观赏者、教师、学生等为一件作品的好坏争论不休，这是一种必然现象，也是一种好现象。

时代性与民族性是造成审美差异两个最重要的因素，而人的个性也是审美差异形成的重要因素。

二、服饰审美标准

对同一对象产生某些相通或相同的审美感受，形成审美标准，我们也可以称为美感的共同性。世界上很多自然景观和优秀的艺术作品被不同民族与时代的人们所欣赏，展现出美没有代沟、没有国界的特征。从白雪冠顶的富士山，到神秘高大的金字塔，再到庄严肃穆的北京故宫、印度泰姬陵等，人们无不认为是美的。人类共同的生理结构驱使产生共同的需求，也就必然产生共同的审美。

世界服装销售量第一的西班牙 ZARA 品牌，深受全球时尚青年的喜爱，目前已拥有1,900 多家店铺，遍布世界各个大城市的商业中心，无论是在亚洲、非洲、欧洲还是美洲，每个消费者都可以读懂并感受它的设计。ZARA 在国际上的成功清楚地表明时装文化无国界（图 2-16）。

就美感的共性来看，因为生活在同一时代、同一阶层、同一民族里的人，往往受同样的外部条件，如地理环境的一致、风俗习惯、语言气质以及历史文化传统等共同因素的影响，而且由于又是生活在一个互相依存的共同体中，思想感情上的相互渗透、相互影响也

图 2-16　世界销量第一的 ZARA 品牌服饰

是必然的，因而在美感上也容易产生共同性。

美感的共同性与差异性是辩证的关系。“十里不同俗”“不是一家人，不敬一家神”等，说的是审美的差异，“一方水土养一方人”“物以类聚，人以群分”等，说的是审美的共同性。比如服装设计中，服装的民族化与国际化的问题，个人设计风格与企业形象的问题，都属于审美的差异性和共同性方面的问题，在处理这些问题时，需要有一个辩证的态度。事实上，美感的共同性与差异性应该是服饰创作追求的两个方面。共同性中包含差异性，差异性又是建立在共同性基础上的。而在服装设计理念中“民族的，才是国际的”，则概括了共同性与差异性的辩证关系。

三、服饰审美能力

审美能力是指发现、感受、评价、欣赏美的能力。人的审美能力是指人们对美的事物或艺术的欣赏和鉴别的能力，包括审美感知、审美判断、审美经验等。

◆ 美学案例

对牛弹琴

古代有个人叫公明仪，有一次在大树下弹奏优雅的琴曲，不远处有一头牛正在吃草，对他弹奏的曲调置若罔闻，仍旧吃草。于是公明仪改变曲调，用琴模仿蚊虫叫声。牛立即摆动尾巴，迈着小步不安地来回走动。这就是“对牛弹琴”这个成语的来源，比喻审美能力不相同的人是无法取得共鸣的。

人的审美能力天生具有差异性。审美能力强的人，思维敏捷，能迅速发现美。据说音乐家肖邦（Chopin，1810—1849）从小音乐天赋异于常人，刚出生时就因隔壁邻居演奏的一首悲伤曲子而哭泣。同时人的审美能力又会因教育和经验的积淀而不断发展和提高。

人的想象力与审美能力关系也尤为密切。一般情况下，想象力越丰富的人，审美能力就越强，想象力使人的审美能力插上翅膀。服装设计的精神就是颠覆传统经验，在内心自由的状态下，调动感官，绽放出丰富的想象力来创造设计。亚历山大·麦昆（Alexander McQueen，1969—2010）设计的驴蹄鞋，大胆地挑战了传统鞋款模式与大众审美观，让人不得不佩服设计者的想象力（图 2-17）。这个摩天高跟鞋以 25cm 创造了鞋款的新高度，同时创造性地利用龙虾爪或驴蹄的外形设计，超富想象力，被誉为旷世杰作。

虽然审美能力个体天生有差异，但通过后天勤奋学习可以弥补这种差异，审美能力是可以逐渐提高的，所谓“天才出于勤奋”就是这个道理。

图 2–17　麦昆设计的驴蹄鞋

四、服饰审美观

审美观是指对美、审美和审美创造、美的发展等问题所持的基本观点。不同时代、不同民族、不同个体都具有不同的审美观。服装界最著名的两位大师，夏奈尔与迪奥两人，完全持截然相反的审美观。

夏奈尔的设计强调生活真实，她自小在孤儿院长大并在那里学会了裁缝，为以后成为设计师奠定了基础，她没什么绘画基础，直接利用布料裁裁剪剪进行设计。她的设计简单大方，具有多功能用途，试图将女性从当时繁缛的裙装中解放出来，追求真正的自由，那就是舒适与实用。夏奈尔反感过于华丽而不实用的服装，经常从生活装中直接获取灵感进行设计，如她以水手装为灵感推出的针织衫（图 2–18），将粗笨的男装演变成一种女装潮流。

图 2–18　衣着水手装的夏奈尔

20 世纪另一位时装大师克里斯汀・迪奥的审美倾向为过度艺术化，强调唯美性。迪奥有很高的美术造诣，曾经经营过画廊，后来又专为时装界画各种栩栩如生的效果图。他不懂裁剪、缝纫的技艺，只能将设计画好后由别人来制作，但由于其天生对比例的精准把握，加之选择的总是最上等的面料，他的设计总给人以古典而华丽的视觉美感，让人惊诧不已（图 2–19）。在迪奥的美学观里我们很难看到

图 2-19　具有艺术气质的迪奥作品

生活的平实，多的是艺术的奢华与浪漫。迪奥后半生致力于对服装轮廓的创新与探索，不变的是均采用高档面料并配以精美细致的细节装饰，与追求自由舒适的夏奈尔形成鲜明对比。

人的审美观是在长期的生活实践与艺术实践中形成的，同时与伦理、道德、宗教等其他意识形态有密切的关系。审美观不是一生下来就不变的，个人的文化修养、所处的环境都影响着审美观的形成与发展。同时，审美观具有多样性，每一位服装设计大师都有自己独特的审美观。

本章小结

●美感是理性与感性的统一，美感具有潜伏的功利性，美感能带来精神满足感，美感的产生还需要距离。

●审美的心理过程由感觉开始，经历了知觉、联想与想象、情感、理解与思维等一系列心理过程。

●审美意识是广义的美感，包括审美标准、审美差异、审美能力、审美观等各个方面。

提问：

01　服饰美属于生活美还是艺术美？

02　你认为哪类服装最具朦胧美感？

03　服装设计中有以丑为美的潮流存在吗？

第三章 美与服饰美的种类

美的种类究竟有多少？这涉及划分标准的问题。按不同的标准，美可划分为不同的形态和范畴。按其不同的所属领域，人们把审美对象划分为自然美、生活美、艺术美三个基本类别。还可以把审美对象按其不同的审美特性及其给予人的不同审美感受，分为优美、崇高、丑美等类别。一般人们把前一种类别称之为美的形态，把后一种类别称之为美的范畴，也可以称为美的风格。美的形态及美的范畴均为美学专业术语，对于初涉美学的人可能难以正确理解其含义。

第一节　美的形态

美的形态是指美的“存在形态”，是美所表现的范围，侧重于从审美对象的存在领域角度对美进行划分，又被称为美的“存在领域”。一般划分为自然美、生活美、艺术美三个基本类别。自然美是美的存在形态中的第一个层次。生活美，又可称为社会美，是人类创造的、具有美的属性的社会物质及社会关系总和，是美的第二个层次。而艺术美是艺术家对自然美和生活美的再现，属于艺术品的创造性的美，是美的第三个层次。

一、自然美

自然美专指自然界事物的美，是自然界中原本就有而没有经过人工改造过的美的事物，自然美事物天生具有一种能够引起人精神愉悦的神奇属性。在美学中，自然美与社会美又可并列同属于现实美。但我们也要认识到，没有人这个审美主体，也无所谓自然美，自然美是对人类而言的。同时人在自然中诞生，也在自然中成长，人也属于自然的一部分，所以，我们常把模特和穿着者的身体也看作是自然的一部分。

（一）自然美的特点

人从自然中诞生，又从自然中获取生命所需的养料，自然无私地给予人类所需要的物质利益，也带给了人类精神上的乐趣。自古到今，自然就与人类发生着密切的关系，人类在与自然的交流中，在自然环境下的劳动实践中，逐渐产生了对自然的审美艺术和审美活动。例如，人类发现了树叶、鲜花、兽皮、石头、贝壳等自然物的美，并用来装饰自己身体，从而产生了服饰的萌芽。历年时装周多有从自然美中寻找灵感的设计，如图 3-1 所示。

图 3-1　从自然美中寻找灵感的设计

早期古希腊人在对美的探索过程中总结出一些美的规律，如对称、比例、和谐、多样、统一等，大都是从自然中得到启迪，在自然中不断发现的。人对自然美的理解与归纳可总结为如下特点。

1. 自然美具有多样性

大自然的美真是丰富多彩，不可穷尽。辽阔的大海、浩瀚的沙漠等，常常给人以胸怀开阔的感觉，从而产生壮丽美；小桥流水、清潭映月，令人觉得似在“世外桃源”之中，此即“幽静美”；花红柳绿、彩蝶翩翩、小溪叮咚等，给人的是一种秀丽美。

2. 自然美常被人格化

自然美虽非人的劳动直接创造，但由于它与人的生理、心理特征相适应，经过人的审美意识的加工改造，即所谓“托物言志”“借景抒怀”，从而使人浮想联翩，达到情景交融，获得美感。孔子云：“智者乐水，仁者乐山。”总之自然界的山山水水、动物植物、宇宙星辰等以其独特的个性同人的精神品质发生共鸣。《诗经》中有一段世人皆知的描写：“关关雎鸠，在河之洲，窈窕淑女，君子好逑。”诗中以水鸟比喻纯真的爱情，还以木瓜桃李作为爱情的象征。梅、兰、竹、菊等花草常被作为美与高洁情操的象征，也就是说人类赋予了大自然人格化的精神品质。

3. 自然美具有突出的外在形式

自然中美的事物，都具有突出的美的属性，如小巧鹅卵石有其玲珑之美，巨大岩石有其巍峨之美。每一个美的事物它有着自己独特的美的内容，如自然物内在的质地、性能、功用等和自然物外在的形状、色泽、音响等具有对称、比例、变化、多样、统一等形式美。

（二）自然美与服饰的关系

由于对大自然美的热爱，不断从变化万千的大自然中吸取灵感是许多服装设计师创作的重要手段之一。用动物和植物的美感力量冲击我们的视觉审美，大胆运用仿生、拟物化的造型手段，将这些生物的造型、轮廓、线条、色彩直接或间接地借用到服装造型设计、结构设计和色彩设计上去，创造出新的服装造型。家喻户晓的呈牵牛花形的轻盈喇叭裙、宽松的蝙蝠袖（图 3-2）、端庄的羊腿袖以及马蹄袖、燕子领等，都来自于对自然生物外形的模仿。大自然美丽的色彩也是服装色彩借鉴的最直接来源。成熟的桃子、橘子等水果，食用的蔬菜，大自然的天、海、湖、山、晚霞、

图 3-2　蝙蝠袖（服饰品牌：Yiner）

原野等自然色彩被设计师灵活地运用于服装色彩的搭配中，于是便有了桃红、橘红、橘黄、土黄、湖蓝、天蓝、茄紫、咖啡色、橄榄绿、玫瑰红等各种色彩或色调（图 3–3）。

服装设计大师对大自然往往也深深爱恋，迪奥精心营造的娇媚动人的“郁金香”时装；亚历山大·麦昆迷人的美人鱼式裙装；英国新兴品牌 Marchesa 的荷叶边仿生设计女装，创造性地将自然界赋予物种的造型完美地呈现在舞台上（图 3–4）。更有很多设计师以蛇皮、鳄鱼皮及貂皮的纹路为设计灵感；以某动物特殊外形为灵感，如狮子头造型

图 3–3　来源于大自然的色调（服饰品牌：For Love & Lemons）

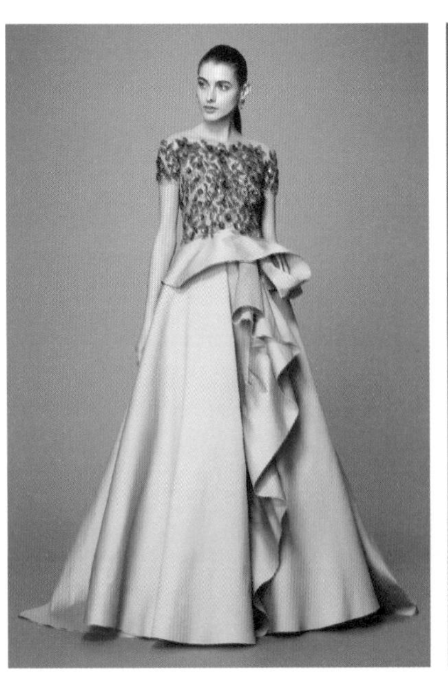

图 3–4　模仿荷叶的裙子设计（服饰品牌：Marchesa）

为基础的发型设计（图 3-5）。大自然的山涧流水、动物花草、森林沙漠、天际星空等各种宏观和微观的事物，无一不启发朦胧的诗意，设计师将这种感受转化为独特的情趣表现在服装上。

二、生活美

图 3-5　模仿狮子头的发型（服饰品牌：Dolce & Gabbana）
仿生设计既符合“返璞归真”及“生态学热”的思潮，又能体现出人与自然的亲密关系。

生活美是由人类实践创造的体现社会事物发展规律，与人的实践意愿、审美理想相和谐的社会生活的美。从范围上看，生活美比自然美和艺术美更为广阔。生活美既是客观的，是生活本身所固有的属性，它又是社会的，必须对大多数的人有意义。生活的领域虽然广阔，但并不是所有生活中事物都是美的，不同的世界观和人生观，对生活美的理解有着千差万别。

19 世纪俄国美学家车尔尼雪夫斯基（Nikolay Gavrilovich Chernyshevsky，1828—1889）给美下了一个著名的定义：“美是生活”。他把美放在现实生活中进行研究，建立了以唯物主义为基础的美学，这在美学史上具有重要意义。他认为：“任何事物，凡是我们在那里看得见，依照我们的理解应当如此的生活，那就是美的。任何东西，凡是显示出生活或使我们想起生活的，那就是美的。”车尔尼雪夫斯基认为生活最可爱，在生活中有快乐，有幸福，有希望等。他第一次提出关于生活美的研究课题，为后人认识生活美开辟了通道。

生活美包括社会实践美与社会主体美。

（一）社会实践美

社会实践美是生活美的基本形态和首要表现，

随着社会实践的丰富和发展，它们将绽放日益绚丽、夺目的光彩，如大到万里长城、故宫、皇帝陵墓、摩天大厦、飞机等，小到泥塑、染织刺绣、盆景艺术、家具器皿等。

对于生活美的关注与猎奇，几乎是所有设计师拓宽想象空间的途径。所以我们随处可见以“青花瓷”“蒙古包”“年画”“办公室”等以生活中事物命名的设计。中国服装设计师胡晓丹策划了名为“流动的紫禁城”的大型服装全球巡演。舞台上，中华民族文化的象征——紫禁城被模仿在一套套服饰之中，既传统又前卫，金色的“尖顶”成了模特头上的华冠，红色院墙则被绘在了模特的长裙上，就在模特们举手投足之间，紫禁城的雕梁画栋全部展现在了观众眼前，展现了人们对生活美的完全膜拜，如图 3-6 所示。国际时装大师迪奥曾推出的“圆屋顶式样”、埃菲尔铁塔式外观以及皮尔·卡丹（Pierre Cardin）从中国的飞檐中汲取灵感，设计出耸肩飞袖的造型，这些都是对景观造型特征的模仿，从中看到设计师从生活美中获取养料和创作灵感。

生活中众多耳熟能详的民间艺术，如中国的京剧和脸谱艺术、青铜器、陶瓷、玉石、舞狮、剪纸、泥塑、刺绣、染织、盆景艺术、风筝、灯笼、纸扇等也成为国际大师们的创作灵感。意大利设计大师乔治·阿玛尼（Giorgio Armani）多次表示，中国文化给予他无穷的设计灵感。在他设计的服装中有将中式元素与法国 20 世纪 30 年代流行元素结合起来的杰作，如图 3-7 所示。他的中式作品还有宽松的黑色丝绸长裤、以马褂为原型的白色马甲并在肩部印有乔治·阿玛尼的汉字标志等。另外，中国的工笔水墨画也曾大量出现于其服装上。

图 3-6　设计师胡晓丹作品：流动的紫禁城
服饰灵感来源于紫禁城的琉璃金顶与红色院墙。

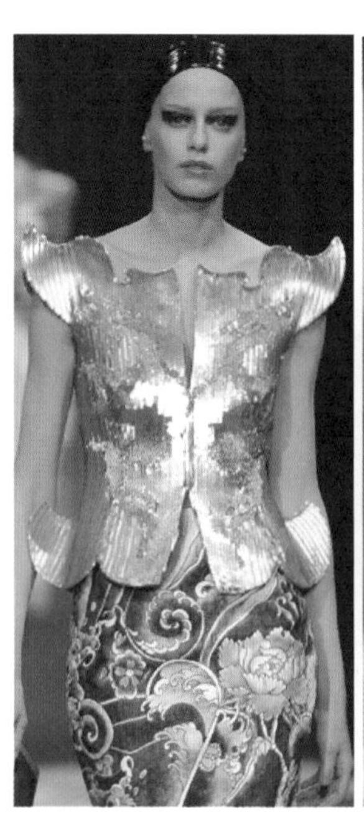

图 3-7　阿玛尼的中国情结
盘扣、中国结、流苏、云纹、牡丹花等颇具东方情调的细节被运用得恰到好处，感觉异常惊艳。

（二）社会主体美

社会的主体是人，人既是物质文明和精神文明的创造者，也是美的创造与美的欣赏的主体。因此，社会美除了表现于社会实践之外，还表现在人的本身。古今中外的美学家认为人的智力在万物之上，人的形象也应该是凝聚万物之灵性，是美的卓越代表，精妙的比例，和谐的色彩，优美的线条，均是万事万物无法比拟的（图 3-8）。或许有人会问既然人是万物中的至美，为什么还需要服装的修饰？雕塑大师罗丹（Rodin，1840—1917）曾指出，人一生中最美好的时光非常非常短暂，有时仅仅几个月美就凋零了，所以完美的人体在人群中几乎看不到。人都有衰老与疾病等自然规律，这些都有损人的美丽，所以需要服装的完善与修饰。

人的美表现在人的内在美和外在美。人的内在美指人的心灵美，人的外在美指人的仪表美，包括人体美和服饰美。人们通过美容塑身、美发化妆、穿衣打扮是为了增强仪表美，也就是增加了社会美，美化环境，净化了社会风气，提升了精神境界。在美学中要懂得欣赏美，首先学会欣赏人的美，自身的美。

三、艺术美

艺术美作为美存在的第三个层次，能更加集中、更加鲜明地表现美的本质特征。艺术美的构成包括两个方面：一方面它是对现实美的集中概括，是对现实世界的再现；另一方面，它又凝结了艺术家或设计师对现实的情感、评价和审美理想，是主观与客观，表现与再现的有机统一。由于艺术美是对自然与社会美的集中反映，艺术就是将自然与生活现象进行艺术加工，经过提炼、取舍、夸张等一系列艺术化的过程，所以艺术美比现实美更为典型、更为理想、更为强烈、更为普遍。理论上讲，艺术永远都要高于现实，生活美永远赶不上艺术美。艺术美的特征可以概括为如下几个特征。

图 3-8　人体美是万物灵性的凝聚
安格尔的油画作品《泉》。

图 3-9 T 台上的时装将美的要素更集中呈现出来（服饰品牌：Elie Saab）

（一）艺术美的典型性

各种体裁的艺术作品都不是对现实事物的简单模仿，它们往往是对某一类事物特性的综合反映，从中反映此类事物的本质，只不过，它们采取的手段各不相同。艺术让现实的面目更集中、也更强烈地呈现在观者的面前，所以 T 台上模特穿的服装常常比现实生活中的服装美丽炫目，激动人心，那是设计师精心设计与制作的结果，加之舞美、音响、模特超完美的身材等因素影响（图 3-9）。

艺术美高于生活美，就特定对象的美的表现来说，艺术美可以而且应该比生活美更强烈、更典型。

（二）艺术美的永久性

现实中的美是有时间性的，现实美升华为艺术美之后，艺术恰恰能把这种美凝结起来，成为一个永久的现在。迪奥的郁金香裙、圣・洛朗的雌雄同体装、夏奈尔的小黑裙……均成为凝定的、超越时空的作品。

（三）艺术美来源于自然与生活

艺术美来源于社会生活，但艺术不可能穷尽生活，艺术是生活的浓缩，是生活的反映。艺术家在深入观察研究生活的基础上，发挥了艺术家的想象，从而创作出一部部艺术珍品，这个在前面自然美与社会美中已谈到。服装设计艺术也都是从自然与生活中汲取养料的，这方面例子层出不穷。青年设计师弗兰克・索尔比埃（Frank Sorbier），凭借不俗的才情和努力为自己的品牌赢得了美誉，生活是他创作的源泉，在某一季度秀中索尔比埃将东欧的风情搬上了 T 台，并用朴素的黑、白两色演绎高级时装不变的经典（图 3-10）。毕业于伦敦圣马丁艺术设计学院的设计师拉法特·奥兹别克（Rofat Ozbek）设计的服装具有浓烈的色彩和鲜明的图案，他将从芭蕾舞蹈、俄国军装、吉卜赛衣裙、美国土著服装中获得的灵感有机地结合在一起。他说："我想给这些民俗的事物添上都市的色彩，我的服装要让穿着者打开新眼界，体验新感受，踏上新征程。同时，还要显得非常性感。"

艺术与自然生活相比，其优点在于艺术是通过艺术家对生活的感受、理解，加以分析和提炼后创造出的作品，它保留了自然生活中的丰富性和生动性，去除了生活中的芜杂性和表面性，让生活的面目更明晰、更集中、也更强烈地呈现在欣赏者面前。德国美学大师黑格尔就主张"美是理性的感性显现"，将艺术美抬高到一个崇高地位，高于自然美与社会美。

服装在生活中装点人们的外观形象，而艺术服装又带给人们艺术的审美愉悦。可见服装既是生活美的一部分，也属于艺术美范畴。

第二节　服饰美的风格

前面介绍过，审美对象按其不同的审美特性及其给予人的不同审美感受，可分为优美、崇高美、丑美等类别。这种类别称之为美的范畴，是美学上的专业术语，可通俗地理解为美的不同风格。美的风格与艺术风格不一样，艺术风格无穷尽，并且不断会有新的风格创造出来，而美的范畴是对美的面貌的全面概括，历史沉淀下来的大概念。这一节将对服饰美的重要范畴进行介绍。

图 3-10　弗兰克·索尔比埃的东欧风情

一、优美的服饰

>>> 美学知识

优美

优美，美的重要范畴之一，作为美的一般形态，以和谐、协调、一致、均衡、统一为特点。优美的本质属性是和谐。优美能给人轻松、愉快和心旷神怡的审美感受。优美的事物在大自然、社会生活及艺术中普遍存在，如杭州西湖、唐代舞俑、蒙娜丽莎、椅中圣母、维纳斯等。而女性人体美就是优美的典型代表，明代张潮的《幽梦录》提到："以花为貌，以柳为态，以鸟为声，以月为神，以玉为骨，以冰雪为肌肤，以秋水为姿色，以诗词为情肠。"这可谓是美女的最高境界。

女性服装以女性形态特征为依托，大多数都体现出优美的特征。

优美的服装常常表现为强调女性窈窕的腰肢，如夸张臀部的具有悬坠感的裙子，以装饰感强的设计来突出高贵优雅，有重点地采用镶嵌、刺绣、领部细褶、华丽花边、蝴蝶结、玫瑰花等装饰。为了达到柔软细腻的褶裥和漂浮的裙摆，会采用软缎、绉缎和透明的雪纺等材料。女性的晚礼服就是这类服装的典型代表（图 3-11）。

图 3-11　晚装是优美典型代表（服饰品牌：Elie Saab）
流畅典雅的 S 造型线，高贵细腻的面料充分映衬出女性妩媚的身姿。

二、崇高美的服饰

>>> 美学知识

崇高美

崇高美，又称壮美，来源于它外部形体所形成的磅礴气势，是指美处于主客体的矛盾激化中，具有一种压倒一切的力量和强劲的气势。在形式上表现为粗犷、激荡、刚健、雄伟的特征，崇高美的艺术善于表现丰富的运动，并达到戏剧性高潮，与优美形成强烈对比。从美的感受上看，它给人以惊心动魄、激奋昂扬的审美感受。比如说我们对大海的赞叹，对雨雪风霜的不惧，对雄壮事物的赞美。万里长城、高山大河、海洋等都可以看作崇高美的典型代表，人们从中感受到的是对人类的庄严颂歌。

服装也可以表现出雄壮宏伟的崇高美吗？柔软材质加之一针一线也能承载壮丽之美吗？答案是肯定的。具有男性气质的服装可以看作是具有崇高美的服饰，如古代帝王厚重皇袍，宽袍大袖，宏伟壮丽的形式中倾注了强大皇权的威严，无论是中国皇帝最高等级的冕服（图 3-12），还是西方君王登基大典所穿戴的皇冠、权杖、王袍等均为崇高美的体现。现代服装中的军装设计也要充分体现这种庄严的美感，各国军装无论形式怎样多变，保持不变的是直线型对称设计，色彩沉着冷静，工艺精湛，系列配套，彰显军人的荣誉和身份。图 3-13 是有着不同凡响的男性气势的女装，服装造型宛如建筑钢骨结构一般，巨大却又简洁，轮廓清晰，充分发挥出几何造型的阳刚之美。

图 3-12　中国古代帝王威武的冕服是服饰中崇高美的代表

图 3-13　具有阳刚美的女装

三、朦胧美的服饰

>>> 美学知识

朦胧美

朦胧美是通过模糊含蓄的形式表现出来的一种美学范畴，给予欣赏者创造性的想象，从中获得审美感受。印象派大师莫奈（Monet，1840—1926）的晚年作品《睡莲》是朦胧美的代表作品，如图 3-14 所示，在波光粼粼的水面，天水合一，没有清晰的轮廓与阴影，一切似幻似梦。在大师的笔下，水与叶均是纯绿色的，而花朵却像暗红的火，看似随意的彩色线条笔触，但抓住了水面的流动和水面那似真似幻的光和影。朦胧美给予人未穷尽的感受，引人思索，让人流连忘返，恰如“东边日出西边雨，道是无情却有情”，是独具魅力的一种美学范畴。

图 3-14　莫奈的作品《睡莲》

服装中最具朦胧美的当数婚纱。紧身胸衣将新娘完美的胸线与玲珑纤腰衬托出来，而裙摆的层叠薄纱则如云雾般缥缈，新娘仿佛化作高处云端的仙子，奢华又优雅。面料是蕾丝与薄纱，令新娘宛若走进云雾缭绕的仙境，充斥着华丽的朦胧迷思（图 3-15）。蓬蓬袖、层层纱裙、蕾丝花边等无一不是造梦的设计元素。许多民族的女子都有戴面纱的传统习俗，除了伦理宗教等原因外，各民族对面纱的钟爱还在于，娇艳面容在精致的面纱后若隐若现，谜一样的女子容颜引发人对神秘美感的赞叹（图 3-16）。

图 3-15　婚纱的朦胧美

图 3–16　女子戴面纱营造朦胧美

四、以丑为美的服饰

>>> 美学知识

丑

什么是丑，与美的观念一样，历代美学家对丑的定义也千差万别。古希腊美学家认为不和谐、不合比例、呆板无变化即为丑；中世纪美学家认为，不受上帝统辖的感性世界是丑；实用派美学家认为不合目的、不完善是丑；经验派美学家认为：假若美是一种愉快的体验，那么丑的本质在于，对象的形式样貌唤起主体情感否定的体验，简而言之，就是不舒服的感觉。丑普遍存在于自然、社会和艺术领域，是一种特殊的对象，它唤起人们一种否定性的审美体验，但艺术作品中的丑，往往可以形成审美价值，纵观整个艺术发展史，表现奇丑的作品比比皆是。

以一部《丑的美学》而被奉为现代丑学创始人的罗森克兰兹（Joshua Rosenkranz）说，“吸收丑是为了美而不是为了丑”，只有当丑与恶成为被人掌握的积极力量，即通过对丑恶事物的厌恶，唤起对美与善的渴望与追求的时候，丑才具有审美价值。如卡夫卡等西方文学家作品中在审丑的背后所蕴含的对人性的深刻批判、对小人物的关怀。罗丹的雕塑“老妇”也是审丑的典型。老妇曾是一个绮年玉貌，倾倒一世的宫女，现在到了年老色衰，不堪回首的暮年，我们看到的是在其松弛下垂的皮肤，被磨损的身体上承载着人类所共有的愁苦和凄凉，引发所有人的同情，还有对青春的不舍与爱恋。中国古代就对奇丑事物大加鉴赏，如根雕、园林中的假山、假石（图 3–17），皆以畸变形态为艺术创作对象，这些不规则、不对称的奇形怪状作品细看狰狞恐怖无比，与主流审美大相径庭。总之，艺术创

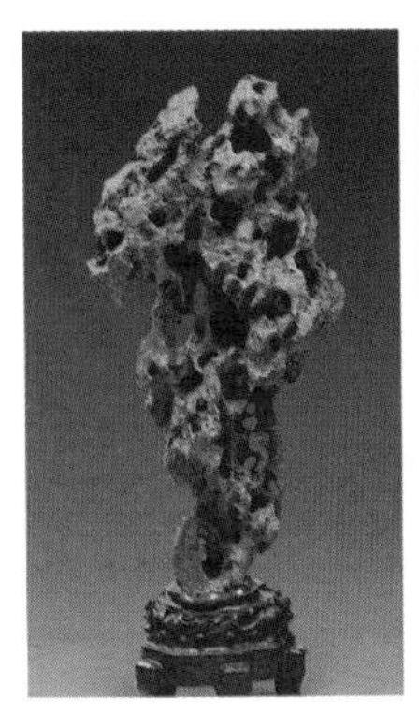

图 3-17 奇形怪状的石雕与根雕将“丑”淋漓尽致地呈现出来

作中往往以审美态度去审视、选择、提炼“丑”，艺术中的丑已成为艺术美不可缺少的组成要素。

在论述到丑学的价值时，艺术中一是可采用以丑衬美、以丑显美的方法，二是采用化丑为美的艺术手法，概括地讲即“化丑为美”论；正是由于西方现代化所带来的“丑”学理论，才有了现代派艺术中“丑”的审美价值的突现，也才有了丑学的独立。

◇ 美学案例

乞丐装

近代美学已经把丑作为一种美学范畴，所以现代时装中怪诞、夸张、丑陋的作品也可以作为审美对象加以评析。时尚潮流中“以丑为美”现象比比皆是，如化丑为美的乞丐装，刻意的立体化、破碎、不对称、不显露身材的服装设计，与主流审美大相径庭，是美学中的丑和缺陷文化的延伸（图 3-18、图 3-19）。

图 3-18 约翰·加利亚诺（John Galliano）设计的怪诞、夸张的乞丐装

图 3-19 莫斯奇诺（Moschino）化丑为美的乞丐装
不符合形式美法则，破碎、不完整、无章法是乞丐装的特点。

另外，以个性、古怪、另类著称的丑模在时尚界大行其道。来自美国的凯莉·米坦道夫（Kelly Mittendorf）有一双斜斜的、深凹的、狭长的双眼，方下巴，狮子一般宽宽的鼻梁（图 3-20）。另一位丑模汉妮·盖比·奥迪尔（Hanne Gaby Odiele），有着棱角分明的脸孔、凹陷的脸颊、突出的颌骨和眉骨，那淡得几乎看不见的标志性的眉毛，仿佛是天外来客。中国模特吕燕也是其中夺人眼球的丑模之一。很多时候，艺术中的丑并不是美的陪衬，它有自己独特的审美价值。

艺术丑与生活丑是有区别的，如罗丹的雕塑“老妇”呈现的是比木乃伊还多皱纹的裸体。假如这真的是一位活生生的老妇人坐在这里，那么在我们的眼中自然是毫无美感的，所以，生活中的丑是无法转化为美的。而艺术中的美与丑，关系不是一成不变的。在一定条件下，通过艺术家的点化，丑可以转化为美，这种化丑为美的点睛之笔就在于要将丑的本质深刻表现出来，通俗来讲，就是要丑得淋漓尽致，不能一边表现丑又一边加以美化，所谓弄乖作丑，得到的效果适得其反。

图 3-20 丑模凯莉·米坦道夫

五、科技美感的服饰

>>> 美学知识

科技美

科技美是近年来科学界和美学界提出的新概念，但不少人对科技美是否存在持怀疑态度。到底有没有科技美，也许科学家本人的观点最具权威性。早在两千年前，科学家们便对数学、天文学、物理学、生理学等领域的美已有所体会。他们发现，“哪里有数，哪里就有美”（古希腊数学家普鲁克拉斯）。他们看到，最美的比例是1∶1.618，俗称黄金比例。天体是永恒的、神圣的、完美的，整个天体就是一种和谐。人体也类似于一个小宇宙，也是一种和谐，一种美（毕达哥拉斯、董仲舒等观点）。匀速运动是最美、最完善的运动。所以，匀速圆周运动应该是最基本的运动类型。此外，在日月运行、四季变化、万物生长之中，存在着无数的比例之美与数理之美。

图3-21　科技美感服饰（服饰品牌：Neo）

艺术设计中也常有借鉴科技美中严肃、冷静的风格，这种科技风格艺术使人充满了激情，充满了丰富的想象力和创造力，充满了诱惑和魅力，表现出简明、和谐与新奇的特点，以抽象形式表现了自由的形式美。现代设计中光与色的应用能塑造一种机械的、冷漠的高科技美感的超然气息。把光运用到纺织品和服装中看起来似乎处于正在发展壮大的趋势（图3-21、图3-22），闪光布料在其中不可忽视，每季度都有闪亮无比的外套推出，色彩为金或银。还有将科技材质处理成透明效果，并运用层次混搭，一系列的透明感上衣，就在素雅色彩中传递了科技感十足的时尚氛围，也常将类似集成电路图、电脑的键盘等图案装饰在服装上，将科技的理性与超然美感发挥到极致。

图 3-22　光泽应用营造高科技美感

已故服装设计师麦昆擅长表现机械冷感的服装，呈现出高科技意味，很好地诠释出科技美感，如图 3-23、图 3-24 所示。著名荷兰设计师艾里斯·范·荷本也喜欢在服装上应用高科技创意，常采用 3D 打印技术，辅以科技美感造型，如图 3-25 所示。服装设计师可以从现代工业、宇宙探索、电子计算机等方面选材，让服装充满了对未来的想象与时代的气息。

图 3-23　麦昆金属内衣
在纯棉的面料上应用了闪亮涂层，瞬间营造出冷冰冰的、凛然不可侵犯的视觉感受。

图 3-24　麦昆设计的休闲服
模特服装全用纯白色，衣与罩帽相连近似宇航服，恍如外星来客。集成电路样式的配饰是由众多皮带聚拢在一起制成的，再加之简单的结构，高科技的意味慢慢可以体会出来。

科技类型服装视觉冲击力强，不以紊乱来刺激视觉，而是在造型要素有序排列中追求奇特效果，设计师往往顺势将面料本身的光、色、质感典型化，使其面料更具个性与科幻化。

图 3-25　荷兰设计师艾里斯·范·荷本的 3D 打印服装作品
黑色中袖裙，配上白色六角形大针球，装饰在裙的表面，看似身体折射出的微电流，甚至让人直视不了模特标致的面孔，具有强烈科技美感，让人难以忘怀。

六、幽默与滑稽美的服饰

>>> 美学知识

幽默与滑稽

幽默与滑稽可称为喜剧美，是审美范畴之一。美学中的幽默指通过比喻、寓意、夸张、双关、象征、谐音、谐意等方法，运用机智、风趣、凝练的艺术手法将生活中不合理、自相矛盾的事物或现象做轻微、含蓄的揭露、嘲笑，使人在轻松的微笑中否定这些事物或现象。其含义深广，揭露事物之间或事物内部的矛盾本质，有很强的社会意义。它专注讽刺的意味，但讽刺不够尖锐，是一种含笑的批评。美学中的滑稽与幽默有所不同，它是能够引起人们欢乐情绪、使人发笑的喜剧形式。滑稽的实质是其形象超过了观念，压倒了观念。美学界普遍认为滑稽美学是偏属于丑的美学一类，相比之下，是偏属低下粗俗的美学。比起其他美的形态范畴、创造方式，滑稽美学更能引起笑声。另外，滑稽美的无害使人感到没有任何的负担，可以开怀大笑。

服装中的幽默与滑稽表现为不合逻辑的任意摆弄着服饰的各个元素，空间上的强行拼凑，图案上的巧妙创新，在各种超现实表现方式中流露出新奇的创意。英国著名设计师约翰·加利亚诺在一次男装发布会上，将欧洲服装史上女子束腰的紧身衣造型灌注在男装高级成衣上，挑战欧洲历史上的紧身衣款式，让紧身衣与廓型优雅的男士灰色呢子大衣搭配在一起，传递出荒谬怪诞的着装效果。服装史上最早着力于表现幽默与滑稽的设计师当属夏帕瑞丽（Elsa Schiaparelli，1890—1973），她搞过一些俏皮、幽默、近似玩笑式的设计，如涂红指甲的手套、高跟鞋帽子、龙虾晚礼服、装有办公室抽屉口袋的外套等，富有艺术趣味，引人发笑，突破了高级时装的种种禁区。伦敦制鞋大师泰瑞·德哈维兰德（Terry de Havilland）曾设计过两款趣味凉鞋，如图 3-26 所示，一是艳丽短袜配露趾高跟鞋，不雅观却滑稽；另一款在鞋带上系上一个迷人可爱的小皮包，刻意地搞笑气氛，诠释滑稽可笑的设计理念。

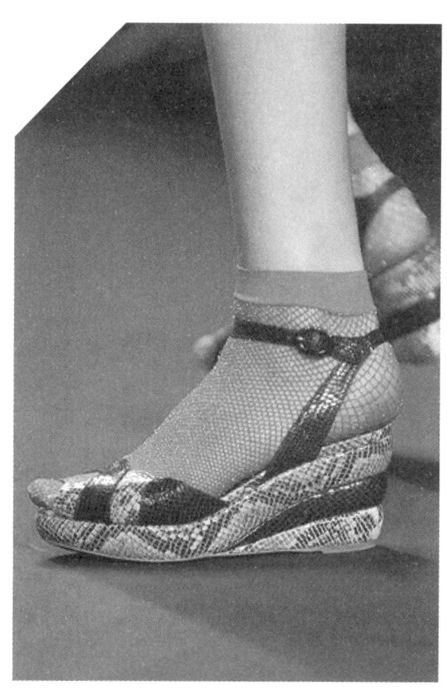

图 3-26 趣味凉鞋设计

◆ 美学案例

莫斯奇诺

意大利米兰设计师莫斯奇诺一贯走时尚幽默、戏谑路线。对于坚守优雅路线的米兰时装界而言，莫斯奇诺实在是个异数，他的设计总是充满了戏谑的游戏感与对于时尚的幽默讽刺，如图 3-27 所示。在 20 世纪 80 年代末，他就把优雅的夏奈尔套装边缘剪破变成乞丐装，再配上巨大的扣子。莫斯奇诺曾设计过一款仿夏奈尔套装，当模特向你款款走来时，那套服装看上去非常的优雅得体，但当模特转过身去时，观众赫然发现精致的上衣上有一个巨大的白色手掌印！观众的心理期待落空后，很自然地会转化为诙谐的感情，颠覆大家对于时尚的传统印象。

图 3-27　莫斯奇诺幽默的时装

将服装中极为常见的装饰做夸张处理，致使这一局部变得滑稽可笑，不伦不类，打破现实中人们视觉常规逻辑，将美学中的幽默与滑稽表现得淋漓尽致。

本章小结

●在现代社会中，从穿衣打扮到家居用品再到工业产品，都有美参与其中，美的事物或现象分布的领域是自然、生活和艺术三个方面。

●虽然对审美风格的划分在美学上有不同看法，总体来说，中西美学中基本的审美风格有优美、崇高美、朦胧美、丑美、幽默滑稽以及现代科技美，这些不同的审美风格呈现出不同的审美境界。

●丑可以成为艺术的审美表现对象，构成艺术王国中一道特殊风景。表现丑的服饰作品，只要形象典型，栩栩如生，是能使人获得极大审美快感的。

提问：

01 怎样理解服饰艺术的主题与形式的关系？

02 艺术风格是怎样形成的？

03 你认为哪位设计师的作品极具个性？

第四章
艺术与服饰艺术创作

艺术， 是人们为了更好地满足自己对主观缺憾的慰藉需求和情感的行为需求而创造出的一种文化现象。艺术不是现实的再现，而是坚持细节的真实，本质的真实，强调和表现理想化的现实与生活，按照艺术家认为应该有的或可能有的式样来表现现实，达到逼真的境界。艺术就是人们生活的升华，是人生命的延续。艺术风格是艺术家鲜明独特的创作个性的体现，是艺术家的创作走向成熟进程中逐渐形成的。服饰艺术是与人关系较为亲密的一种艺术，它具有艺术的基本特征，同时又有其独特的创作方法与表现方法。

第一节　艺术的分类与层次结构

一、艺术的分类

历史上人们按照不同的标准对艺术的类型进行了不同划分，所以艺术分类的方式有很多种，下面简要介绍几种分类方式。

（1）依据艺术形象的存在方式可分为：时间艺术，即形象在时间流动中存在，如音乐、文学；空间艺术，即形象在二度或三度空间中存在，如雕塑、绘画；时空艺术，形象要借助时间和空间两个概念来展示，如电影、戏剧。这也是最常见的分类方式。

（2）依据艺术形象的表现方式可分为：表现艺术，以表现情感、观念为主，大多具有抽象性和象征性，如音乐、舞蹈、建筑、诗歌等；再现艺术，以反映现实生活为主，具有具象与真实性，如戏剧、小说、电影等。

（3）依据艺术的内容特性可分为：实用艺术，实用与审美结合的空间艺术，如建筑、园林、实用工艺品等；造型艺术，指以一定物质材料为媒介创造的可视静态空间形象，如绘画、摄影等；表演艺术，指通过人的演唱、演奏或人体动作、表情来塑造形象、传达情感的艺术，如舞蹈、曲艺、杂技、魔术等；语言艺术，主要指文学；综合艺术，有戏剧、影视等。

二、艺术的层次结构

（一）物质材料层

艺术品是一个从物质到精神的复合体，处于最基础层面的是艺术的物质层面即艺术的物质媒介。如一件雕塑作品的物质材料是一堆石膏或大理石等实体，一幅绘画作品是由画布或纸张及颜料作为物质材料，一件服装的物质材料主要是线与布料及服饰配件等（图 4–1）。这是艺术得以存在的物质基础，任何一种艺术形式，都要依附在一定的物质性载体上。

图 4-1　服饰的物质材料
服饰物质材料种类繁多，是组成服饰的基本物质基础。

（二）形式符号层

>>> 美学知识

形式符号层

各类艺术都有自己独特的指向意象世界的形式符号，它们是构成艺术的第二个层次。如绘画是色彩、线条；音乐是音符、旋律；服装是衣片、结构、配色与装饰等，它们构成艺术品的第二层次，是艺术内容的物质外壳。符号层次比起物质实体，它深入了一步，也精神化了一步，形式符号具有审美价值，是从物质走向精神的重要层次。

优秀的艺术家善于支配艺术要素，创作出具有形式美的艺术品。服装设计得美不美，关键就在于服装的形式符号元素组合得好不好，简单说来就是服装的结构与装饰形成的点、线、面、体搭配起来有没有美感，色彩和谐不和谐等，如图 4-2 所示，服装中点、线与面等设计符号的组合搭配。服装艺术与其他艺术一样，形式是多样化的，无穷尽的，在同一主题下，可以采用不同的形式去表现。

图 4-2　服饰中的点、线、面形式符号（服饰品牌：Elie Saab）
服装中点、线与面搭配得活泼跳跃，相得益彰。点排列均衡，呈现秩序美，黑线起到装饰作用，同时将服装大面分割成不同小面，小面块中存在精致的花纹，稳定又活泼。

（三）意象世界层

>>> 美学知识

意象世界层

建立在前两个层次基础上的、非现实的、展现人类审美经验的、能转化为被感性把握的、富有意味的表象世界是艺术第三个层次即为意象世界层。意象世界层虽然只潜藏于形式符号层中，只有借助鉴赏活动才能在鉴赏者的心灵中现实地生成，但它确实是艺术品动态结构中最为重要、最为核心的层次。

对于艺术作品来说，意象世界就是作品的主题，它可能是思想、情感、意义、概念、精神和要表达的内容，具有更高层次的审美价值。对于服装作品来说，主题就是服装作品的中心思想，服装作品围绕主题而命名，如迪奥的“花神”、三宅一生的“一生之水”、麦昆的“高原强暴”等。主题犹如作品的灵魂，没有主题的服装作品，如同没有方向盘的汽车；又如冷漠的形、色、质等形式要素组合，缺乏打动人心的情感内涵。提炼与把握主题的水平的高低，就是服装设计师与服装艺术家的区别。

形式符号层一般称为艺术的形式，而意象世界层称为艺术的内容，艺术内容往往制约着艺术形式，而艺术形式反映艺术内容，艺术内容可以由多个艺术形式来表现，如同样表现“中国风”这一主题，有的设计师用刺绣图案装饰，有的设计师用古代青花瓷图案装饰，还可以用泥塑、唐三彩、剪纸、年画、漆器、水墨画、中国结等组成服装的外部装饰形式。如图 4-3 所示，Mukzin（密扇）品牌表现的中国风，不走中国风的传统套路，选用潮人喜欢的风衣或卫衣款，再利用传统老字号大白兔奶糖醒目的包装纸图案与色彩，炮制出全新中国风印花图案，表达出一种新东方美学语言，把中国风做得潮而不土。现代设计师可用不同形式诠释中国传统的森罗万象。

图 4-3 Mukzin 品牌 2017 年设计
服装图案与色彩来源于传统大白兔奶糖包装纸，表现另类“中国风”。

第二节 艺术的功能与特征

一、艺术的功能

艺术的功能是多种多样的，主要包括以下几个方面。

（一）认识功能

艺术能帮我们认识客观世界，认识客观生活。如通过观赏历史影视剧，我们可以对剧中反映的历史有所了解，或者激发我们了解历史的兴趣；也可以从中国古代人物及风景绘画中认识我国封建社会的文化、信仰、社会生活、风土人情、经济、政治、军事以及统治阶级的奢侈生活的情况。对从事服装设计工作的人来说，艺术作品更是获取灵感的必要源泉。艺术具有认识功能，科学也具备认识功能，但艺术所具有的认识功能同科学的认识功能迥然不同，艺术的认识带有情感与审美倾向。

（二）教育功能

人们通过美与艺术的欣赏活动，还能受到真与善的熏陶和感染。《警察与赞美诗》中主人公苏比在音乐的感召下，唤起他那曾失落的“母爱、玫瑰、雄心、朋友、纯洁的思想”，决定重新做人。优雅的服饰对人的言行举止起到潜移默化的作用，进而净化人的心灵，正如孔子所言：“文质彬彬然后君子也”。穿衣打扮是人类文化修养与精神内涵的反映。

（三）政治宣传功能

美国有一部小说叫《汤姆叔叔的小屋》，描绘美国南部农奴制时期黑人奴隶遭受的压迫及黑人悲惨的生活境地（图 4–4）。小说引发了强烈的反奴思潮，为美国废奴主义运动注入了前进的动力，进而推动了美国南北战争的爆发。服饰也具有鲜明的政治功能，如民国时期中山服，如图 4–5 所示，是孙中山为宣传民主制度而专门找人设计的国服，服装上的部件均有象征意义，充分表现了推翻帝制后的中国人民奋发向上的精神面貌。

图 4–4　小说《汤姆叔叔的小屋》插图

图 4–5　体现孙中山革命精神的中山装

中山装前身四个口袋表示国之四维（礼、义、廉、耻）；门襟五粒纽扣代表区别于西方三权分立的五权分立（行政、立法、司法、考试、监察）；袖口三粒纽扣表示三民主义（民族、民权、民生）。

（四）精神慰藉的功能

用弗洛伊德的理论来说，在现实中无法满足与达到的愿望，在艺术中将会得到宣泄与补偿。欣赏艺术如饮醇酒，如沐春风，十分有利于改变人的精神气质。陶渊明笔下的桃花源是多少人的理想之邦；把自己打扮成理想中的男神或女神是多少人梦寐以求的。

（五）实用功能

很多艺术品将实用功能与审美功能紧密地结合在一起，可统称为实用艺术。实用艺术就是将物质生产与艺术创作相统一的代表，功能性的、材料的、结构的特点与装饰的、美化的、观赏的特点交融在一起，既具有物质的实用功能，又具有精神的愉悦功能，其中服饰艺术与建筑艺术就是实用与审美完美结合的典范。

（六）审美功能

美是人类社会追求的目标之一，而艺术是人类追求美而创造出来的。审美是艺术的最大价值内涵，审美功能当然就是艺术的首要功能，艺术的其他社会功能都是建立在审美功能之上的。文学、绘画、书法、建筑、音乐、电影等任何可以表达美的行为或事物，皆属艺术，所以艺术最核心、最重要的功能就是审美。

二、艺术的特征

（一）艺术的典型性

在前面讲艺术美已经说过，艺术是对现实的高度概括，它通过艺术手法将现实中美的事物鲜明化、强烈化、典型化，使之更具有感染力。所以我们在 T 台上观赏到的服饰比生活中的服饰美很多倍，首先表演服饰的华美，时装表演中九头身的模特，加之舞美、灯光、音乐的烘托，艺术效果油然而生，这是现实中无法比拟的。

（二）艺术的愉悦性

前面提到艺术的核心功能是审美，艺术作品作用于人的感官，引起神经、肌肉的松弛舒畅，而获得愉快感受。就算是艺术中的丑，经艺术家点化也能化丑为美，带给人愉悦，所以艺术的愉悦性毋庸置疑，这也是艺术作品与其他人类精神产物的区别之一。也许很多人不喜欢哲学、政治、数学及其他科学，但没有人不爱“美”，常言道“爱美之心人皆有之”，艺术带给人的愉悦是其他精神产物无法比拟的。

美学案例

园林是艺术典型性的代表

艺术典型性最有代表性的当推园林艺术，中国传统园林设计中的假山、假石、小溪湖面、花草树林、亭台楼阁等元素皆是对大自然与人文景观中高山、湖泊河流、森林、古代建筑的模仿，园林就是将这些分散的宏伟景观浓缩在一个小小庭院中（图4-6），这就是艺术的典型性特征，这也是现实与艺术的区别。中国园林如此，外国园林也如此，外国园林除上面提到的设计元素外，必将草坪引入园林中，这一元素是大自然中草原的缩影。

图4-6　中国传统园林
中国传统园林是大自然中的山、水、树木花草、建筑的浓缩。

当今，可以轻松地享受读图时代的视觉审美；人们可以借助影音设备沉溺于视听享受；生活中成功的服饰选择与搭配令人产生愉悦的视觉美感（图4-7）。现实中热爱美、热爱艺术的人将生活得更快乐。

图4-7　穿衣能让人产生愉悦（服饰品牌：Delpozo）

（三）艺术的独创性

对于成功艺术作品来说，独创性具有非常重要的意义。艺术作品若没有独特个性，那么无论作品反映出的知识有多丰富，它的美与情感都可以被其他作品所代替，这是艺术与其他门类学科的区别，特别是与自然科学的区别。例如，荷花作为植物学的对象，植物学家对它的科学认识不会因为植物学家的个性不同而不同。而在艺术家的笔下荷花因艺术家的创作个性而千差万别，宋画《出水芙蓉》与莫奈笔下的《睡莲》，其个性差异是多么明显！

同为比利时设计师并师出同门的安德卫普六君子中的安·迪穆拉米斯特（Ann Demeulemeester）与代表实用主义的德克–毕肯伯格斯（Dirk–Bikkembergs），作品风格却完全不同，如图 4–8、图 4–9 所示。一切优秀的艺术家都具有鲜明的创作个性，才能对艺术的发展做出独特贡献，用别具一格的作品丰富人类艺术宝库，满足人们多种多样的审美需要。

图 4–8 安德卫普六君子之一的安·迪穆拉米斯特作品

作品如同雕塑，永远青睐黑白二色是其作品特色。

图 4–9 安德卫普六君子之一的德克–毕肯伯格斯作品

服装简洁实用，具有现代工业感，是这位设计师作品的特色。

◆ 美学案例

独具一格的安·迪穆拉米斯特

安·迪穆拉米斯特品牌服装非常独特，当越来越多的设计作品以缤纷色彩爆炸于世人面前时，安·迪穆拉米斯特女士持久坚守黑白两色不变，并在服装界占有一席之地。穿上安·迪穆拉米斯特的裙子你可能不会立刻有什么感叹可发，但当你围着作品前后左右观察，你才能深谙其道，因为其作品的“正面”“反面”“侧面”都是创作的主体面，你这才理解什么是“立体剪裁”。欣赏她的服装如同鉴赏一尊雕塑，因为安·迪穆拉米斯特的结构总是突破常规，与众不同，蕴含着她独到的制作方法与技巧。

服饰艺术作为艺术门类中的一种，具有上述艺术的特征之外，还有它的独特之处，例如服饰表现人体为主，并非独立性的艺术，挂起来再美的服饰若不与人体结合，就实现不了它的价值；同时无论从时间距离还是空间距离上看，服饰是与人最为亲密的艺术，因为每天都要穿衣，而且与人体肌肤贴近；服饰艺术同时也是最具流行性的艺术之一，虽然艺术都有流行性特征，服饰就是其中典型的代表，穿着过时的服装没人会点头称赞，只会被嘲笑吐槽“老土”（图4-10）。

图4-10 服饰艺术（服饰品牌：Dolce & Gabbana）
服饰是距离人最近、最具时尚性的以表现人体为主的艺术。

第三节 服饰艺术创作

一、服饰艺术构思

艺术构思指作者在创作文艺作品过程中所进行的一系列思维活动。包括确定主题、选择题材、研究布局结构和探索适当的表现形式等。在艺术领域里，一般来说，构思是意象物态化之前的心理活动，是“眼中自然”转化为“心中自然”的过程。服装设计过程即“根据设计对象的要求进行构思，并绘制出效果图、平面图，再根据图纸进行制作，达到完成设计的全过程”。可见，没有构思，就谈不上设计；没有好的构思，就不可能产生好的设计。因此，研究服装设计的构思对提升服装设计师的艺术修养素质，提高服装设计师的设计水平有着重要的意义。

（一）服饰设计构思过程

1. 素材搜集阶段

在设计之前尽可能广泛搜集必要的素材，可以通过浏览博物馆、大自然采风、观赏电视影像、阅读书刊画册、应用网络通信等各种方式取得需要的材料。大千世界为服装设计构思提供了无限丰富的素材，设计师可以从过去、现在到将来的各个方面挖掘题材。服装艺术大师伊夫·圣·洛朗（Yves Saint Laurent，1936—2008）常将艺术、文化等多元因素融于服装设计中，如他在1965年设计的著名蒙德里安系列（图4-11）、1967年的非洲系列、1980年的中国风等。时装界动人的浪漫传奇之一，约翰·加利亚诺认为自己所经历的一切如穆斯林露天剧场、集市、编织品、地毯、香料、芳香植物和地中海的色彩等，都被他视为灵感来源（图4-12）。诸多生动有趣、奇而不俗的素材，是集思广益和博采众长的充分体现，使创造思维得到大幅度的提升。

图4-11 圣·洛朗1965年作品
作品构思来源于艺术大师蒙德里安的绘画。

图 4-12　加利亚诺作品
作品构思来源于集市与剧院的设计。

2. 市场调查阶段

设计师与画家不同，不能孤芳自赏，一定要时刻注意把握市场的新动向，在保持自己设计风格的基础上，一定要站在消费者的立场上，每个细部都经营到位，这样才能在激烈的市场竞争中立于不败之地。作为主攻市场的设计师，在构思阶段要进行全方位市场调研，把握当时当地的历史潮流和市场变化。如设计师要调研的信息：（1）资料信息市场：时装信息、流行趋势、设计师手稿资料等；（2）成衣市场：品牌、批发与零售等；（3）服饰市场：首饰、配饰、美容护肤等；（4）生产一线市场：制作、洗水、制衣、整染、印花等。除此之外，还要了解所设计服装的档次要求和品质要求，对成本价格进行核算。将这些需调研的内容系统列表出来，以供设计师参考。这样在设计构思时，才能广开思路，广泛借鉴。每位服装设计师都应该了解国内外最新流行趋势、研究新的科技成果、新的文化艺术动态，将这些可能成为服装设计新鲜血液的内容恰到好处地运用到自己的设计中来，不只要做到使自己的设计能经受住市场的考验，还要在一定程度上引领潮流。

3. 主题确立阶段

服装设计的主题就是服装要表达的中心思想。要想设计出好的现代服装来，就必须有一个明确的指导思想，也就是服装设计所要表达的主题。主题是作品的核心，也是构成流行的主导因素，国际时装界十分注重时装流行主题的定期发布，以便使各国设计师在这些主题的指导下，进行款式、面料和色彩的探索，从而不断推出新款服装。当“主题”确立后，才能围绕主题构思采取什么样的形式来表现它，如款式的长短肥瘦、色彩的选择等。而创作完成的时候，主题往往埋藏在作品的背后。一般情况下，构思中要善于做到对“主题”的隐蔽，用纯熟的技巧，令观者在审美的过程中陶醉，使人品味、鉴赏之后，方可觉察“庐山真面目”。主题的确立一般有两种方式。

一种是因具体生动的事物启发灵感而产生联想，再进一步完善主题。如由摇滚音乐带来的灵感，创作出现代朋克风格服装，演绎“迷幻与叛逆”的主题（图4–13），进而将摇滚乐的颓靡、狂热、激情用服装语言表达出来；还有很多设计师直接从面料中获得灵感进而创作，因为面料的质感、花纹等特征实在太有诱惑力，激发起创作者的情感与想象，从而主题随之产生。

另一种是先有主题，再进行面料选择和构思设计。例如，以“野”为主题的2016年中国真维斯杯休闲装设计大赛中，选手选择了不同倾向性的构思来切合既定的主题：以《野藏》《我们一起骑单车去野行》《绿野城踪》《新视野》等诠释了“野”，并用恰当的流行休闲款式反映出时代气息。服装设计中的主题，是用表现服装的形式符号来诠释的，反映设计者对一种自然现象和生活事件态度。

（二）服装设计构思思维

设计思维是指进行设计时的构思方式，设计师在艺术设计过程中，通过对生活进行观察、体验、分析，并对素材进行选择、提炼、加工，最终完成艺术形象的思维过程与方式。服装设计中用到的思维方式有很多类型，主要介绍以下几种。

1. 模仿思维

模仿行为是高级生命共有的本性特征。美国一位心理学家称：作为人行为模式之一，模仿是学习的结果。从行为本身来看，它也许是一种抄袭，是创造的反义词，它不能表现出自己的技术或能力有多好，但是应该看到，许多成功的发明或创造都是从模仿开始的，模仿应该视为一种很好的学习方法。

模仿历来是设计大师们惯用的设计思维。例如，北京奥运会的游泳馆水立方灵感来源于水泡，这个创意让

图4–13　迷幻与叛逆
摇滚乐是朋克服饰重要灵感来源。

图 4-14　模仿女性身体曲线与毛线球的 B & B 品牌沙发

图 4-15　模仿岩石纹理的情侣装（服饰品牌：Martin Across）

人感到非常惊喜。而奥运主场馆鸟巢的设计灵感顾名思义来源于鸟巢。汽车的大部分造型来源于大自然的昆虫和爬行动物，如享誉全球的豪华跑车品牌兰博基尼，其澎湃的动力与经典的蝙蝠造型，令无数狂热爱好者为之痴迷。图 4-14 中所示意大利 B & B 沙发正是合理模仿了人体曲线与手工毛线球，两种被模仿对象结合得浑然天成，不仅沙发外形结构美观，而且功能与使用上也适度贴切，与纯粹抄袭别人作品的乏味相比，设计上别有风趣。模仿是所有艺术设计所通用的方式，且对设计发展及设计师水平提高具有深远意义。

服装设计中的模仿，主要对各种自然或人为的事物进行相应的借鉴、借用，甚至照搬。一方面可以将花果、树叶等自然形态以及生活用品等人为加工形态加以模仿用于服装部件设计上，如呈牵牛花形的轻盈喇叭裙、宽松的蝙蝠袖、端庄的燕尾服以及马蹄袖、燕子领、蟹钳领等。如图 4-15 所示，Martin Across 品牌的情侣大衣图案，就是模仿岩石纹理的设计，将岩石的质、色、形特征都进行了巧妙的借用。最擅长“借用”的超现实主义设计师夏帕瑞丽，她的细节设计常让人耳目一新，将茶匙形、鸡心形、三角形等形状用作西装领型；还有带抽屉形口袋的办公室套装、鞋状的小帽，奇特而不落俗套，让人惊叹于她的想象力。

另一方面可以对经典的服装款式进行仿制。时装设计也是一种独特的智力产业，无论是创新还是复古，所有的设计师都在向同行借用新奇的元素，但这种模仿是有限度的，需要加以变化，形成更新、更独特的服装。许多大公司所做的商业性拷贝，就是通过汲取别人的设计灵感，再在别人的作品上进行加工后出售，被复制的设计并不意味着不能出售。虽然像拉格菲尔德

（Lagerfeld），安娜·苏（Anna Sui）等设计大师都公开谴责自己的灵感被抄袭后在商店出售，美国时尚界正围绕着是否利用法律来保护设计进行激烈的讨论，但更有对设计师持批评态度的团体称，这种复制有利于时尚界的发展，因为这会促使设计者们继续不断更新他们的作品从而引人关注。

2. 逆向思维

早在两千年前，我国伟大的诗人屈原就在《离骚》中写道："纷吾既有此内美兮，又重之以修能。扈江离与辟芷兮，纫秋兰以为佩。"在这部诗歌中，诗人曾多次提到他对服装的审美倾向，寄托了他不愿同黑暗世俗同流合污的情怀，披上蘼芜和白芷，连缀着秋兰作为佩带，真是屈原独创服饰设计力作，而这款服饰设计的重点是服装配饰，这一装饰不同于世俗的设计手法，正是逆向思维的具体表现。逆向思维，这种方法使人站在习惯性思维的反面，从颠倒的角度去看问题。在服装设计领域，通常情况下都是正向思考，但如果只是顺着这一思路，就有可能进入不了最好的创作状态，这时如果我们进行逆反推理，就有可能得到意外的收获。

服饰设计中的逆向思维，例如，服装的非常规设计，内衣外穿；服装款式结构的前后更换、服装后开襟，重新放置袖窿的位置；把一些完全异质的东西合在一组里，将极薄的纱质面料和毛毯质地的材质拼接起来；将休闲服的元素和优雅的礼服搭配在一起等，如图 4–16 所示。中国传统刺绣纹样一般用于装饰中式服装，而近年来已拓展到牛仔服、皮衣、羽绒服等各种类型服装，如图 4–17 所示，Pull & Bear 品牌牛仔服中的刺绣，再如图 4–18 所示，Antonio Marras 品牌将中国传统刺绣应用到羽绒服中。这些都是时下的摩登样式，

图 4–16　运动元素应用在西装中（服饰品牌：Yohji Yamamoto）
在创新西装款式时，如果加入休闲装的元素，将休闲装或运动装常用的装饰拉链、标徽、图案与西装的款式相结合，会使西装一改往日呆板面孔，注入新鲜时尚活力。

充斥着大街小巷，人们从中感受到了“逆向思维”设计的魅力。

大师级设计师在逆向思维方面都卓有成效。夏奈尔的逆向思维对现代女装的发展起着不可估量的作用，例如，第一次世界大战后，夏奈尔把当时用作男人内衣的针织面料首次用在女装上，推出针织面料女式套装，这在当时，特别是在正式场合，这种性别混搭的方式简直是大逆不道。日本设计师川久保玲（Rei Kawakubo）最喜欢从各种对立、不相融的要素中寻求组合的可能性，她说：“我的思路和灵感与众不同，我从各个角度来考虑设计，有时从造型，有时从色彩，有时从表现方法和着装方式，有时有意无视原型，有时根据原型，但又故

图 4-17　逆向思维设计（服饰品牌：Pull & Bear）
中国传统刺绣工艺不再局限于中式服装，拓展到牛仔与皮革服装中。

图 4-18　逆向思维设计（服饰品牌：Antonio Marras）
设计师将中国传统刺绣应用到羽绒服和毛皮围巾上。

意打破这个原型，总之是反思维的。”川久保玲品牌（Comme des Garcons）2018 年春夏巴黎女装发布会上，服装完全不按传统的分割裁片法，任性随意地组合在一起（图 4-19）。

3. 加减法思维

加减法运用，是服装设计中经常使用的一种艺术加工手段，通过对原型进行适当的增添或删减，使作品达到崭新的、更完善的艺术高度。在服装领域，增减的主要依据就是流行时尚，在追求繁华的年代做的是增加设计，在崇尚简洁的年代做的是删减设计，增减的部位、内容、程度根据设计者对时尚的理解和各自的偏爱而定。

图 4-19　逆向思维设计（服饰品牌：Comme des Garcons）
川久保玲作品不按常规裁剪，将里料故意露在外面，内衣向外凸出，服装人物图案倒立，腹部缝上大斜兜，里料像补丁一样贴在外套上，服装款式结构的内外更换，均是逆向思维的表现。

◆ 美学案例

简约主义时装

20世纪50～60年代兴起的简约主义的时装，几乎不要任何装饰，设计师把一切多余的装饰从服装上拿走，减法是他们构思的常用手法。如果找不出第二粒纽扣存在的理由，那他们就只用一粒纽扣，如果一粒纽扣也非必要，那他们干脆将衣服设计成无扣衫；如果面料本身的肌理已经足够迷人，那他们就不再用印花、提花、刺绣等装饰；如果面料图案确实美丽，那他们就理所当然地不用打衣裥、打省、镶、滚等款式设计；如果穿着者的身材是那么匀称，那他们就绝不会另外设计廓型，这时，人的体形就是最好的廓型。酌情删减到位，越来越多地运用到服饰设计中，往往能产生简洁到极致的简约美。简约主义简洁而不简单，简约主义时装需要通过精确的结构和精到的工艺来完成。它是精致的，它的简洁背后凝聚着耗料费时的过程。所以简约主义与简朴自然迥然不同，与追求豪奢的时尚在骨子里并不相悖。

意大利设计大师乔治·阿玛尼，时装多采用“无色彩”的黑、褐、灰面料，风格高雅、含而不露，他的时装初看似乎貌不惊人，但当你细细品味时却被他的那种高雅、庄重、洒脱的风格所吸引（图4-20）。普拉达（Prada）走的是兼有艺术品位和大众化特点的道路，普拉达的设计风格独到，各种元素的组合恰到好处，精细与粗糙、天然与人造、自然统一于简洁的设计中，艺术气质极浓，这也是新时代减法设计理念的特点，不再局限于“形”的反复推敲，更是“意”的反复构思。

图4-20　简洁而优雅的阿玛尼时装

简洁是美国时装的传统，如美国设计师卡尔文·克莱恩（Calvin Klein）要求服装作品的整洁完美形象，作品被称为没有多余一根线、一个点（图 4-21）。克莱恩在生活中更是极力保持自身的简洁风格，喜欢土色及无彩色调，甚至连生活中的伴侣都只穿褐色与黑白系列。由于简约风格服饰在结构、材料及工艺方面均有极高要求，以致敢于一试身手的设计师很少。在服饰设计中，减法运用很多时候显得更为重要，因为酌情删减往往是突出重点的关键，只有酌情删减、处理得当，加法的使用才有发挥的空间。

图 4-21　减法设计思维作品（服饰品牌：Calvin Klein）
克莱恩是极简主义的代表，设计特点：实用、现代、极简。

一般认为简约剔除了烦琐的装饰与符号等因素，也就剥去了作为人的情感的寄托部分。所以在做减法之后，为增加服饰艺术感染力，做加法是必要的。如传统的中式旗袍之所以能经过历史的沉淀流传至今，并能吸引众多的眼球，全靠细节的装点，旗袍本身款式结构极其简洁，有时一点点的设计元素往往会造就整体服装视觉上的精彩（图 4-22）。又如带有大西装领、双排纽扣的烟灰色呢大衣，可以依靠黑色滚边、系腰带等细节来增加层次感，再配上一只毛领，华贵的气息就被衬托出来了。

图 4-22　加法设计
旗袍的廓型是不变的，在细节上做加法是旗袍设计核心，左图加入面料改造装饰，时尚感立即呈现；右图旗袍增加传统的绣花工艺面积，立即散发出独特的魅力。

在当今服装设计中，细节设计已经成为决定设计成功与否的关键因素。服装大的轮廓因受流行影响，在创新余地较小的情况下，不可能施展出设计师的设计水平，设计的突破口只有在细节变化中来寻找，使设计师的作品别出一格。服装细节设计也称为服装局部设计，是服装廓型以内的零部件的形状和色彩，以及服装装饰图案等。服装细节设计不仅可以强调服装的视觉效果，还可以增加服装的功能性。细节设计处理的好坏最能体现出设计师设计功底的深浅。

4. 派生思维

服装派生设计思维可以是将点、线、面、体、色、质等造型元素加以适量有序的递增减变化，塑造成新的设计样式，派生的设计存在参照的特点，是在“原型”基础上所作的依次多级变化。通常是基于衣款的外形与内形的逐渐变动进行的，如在服装的轮廓、结构、局部施以长短高低的逐次变化，或在衣服内部的领、口袋、下摆等处施以变化，这样在原款式基础上又派生出了其他丰富多彩的式样。

图 4–23　派生思维设计一（服饰品牌：Mary Katrantzou）

系列设计也是派生思维的一种方式，根据一件服装中的某一要素，再依一定的次序和内部关联构成完整而又有联系的一系列服装作品。派生变化形成一定数量、一定规模的情形，对设计创新制造了非常有利的条件。拓展了设计要素的表现形式，从而产生同一主题的多种款式的设计手法（图 4–23）。

图 4–24　派生思维设计二（服饰品牌：Dolce & Gabbana）

系列设计中每款服装之间必须有着内在联系的工艺、格调、装饰手法和色彩搭配等。实施系列服装设计时，就需启发多种思维方式，或以一种锁链式的、环环相扣、递进式的逻辑思维和形象思维互相渗透；或以一种发散思维和动态思维等来完成设计。系列形象的创造是在多种思维的融汇中经分析、综合、判断、确立，逐步完善形成（图 4–24）。

5. 综合创造性思维

最后，设计关键还在于综合，综合可以是创造的一种手法。自从 1941 年现代创造学的奠基人奥斯本（Osborne）发明了世界上第一种创造性思维以来，已经有 300 多种创造性思维的方法在世界各地应用。日本创造学会和日本创造开发研究室，曾整理出 100 多种国际上最常用的能启发创造性的思维，如模仿思维、逆向思维和加减法思维等。运用不同的思维方法相互启发、促进，是服装创造性人才必备的思维品质。

服装设计是发散思维、逆向思维、模仿思维等多种思维为一体的艺术构思活动。服装设计构思不能只局限在艺术设计领域的思索和研究，设计构思要善于触类旁通，多角度、立体化、开放性地寻找创作点，尤其是今天信息的高度发达，带来了服装艺术的表现形式多样化和宽泛化。因此，服饰艺术设计中，要善于掌握各种思维形式的特点，培养综合多种思维形式的能力，这样才能在服饰设计领域中走出更加宽阔的艺术道路。

二、服饰艺术传达

作为与艺术构思活动密切联系的艺术传达活动，是艺术创作的另一重要方面，艺术作品是艺术构思的物质体现，传达活动是实现这一体现的手段。

艺术传达活动，是一种实践性的活动，是实际制成艺术作品的活动。如音乐家构思所得的形象，需要用声音的节奏和旋律体现出来，雕塑家构思所得的形象，需要用大理石、青铜等物质材料体现出来。服饰艺术传达分为三个步骤依次进行（图 4-25），首先是绘制效果图与裁剪图，其次是制作成衣成品，最后是成衣成品与人合二为一，也就是成衣成品展示和走秀。这些与构思相适应的、带有制作性质的活动，均是按照一定的意图去改变一定的物质材料形态的活动，因而是一种实践性的创造活动。

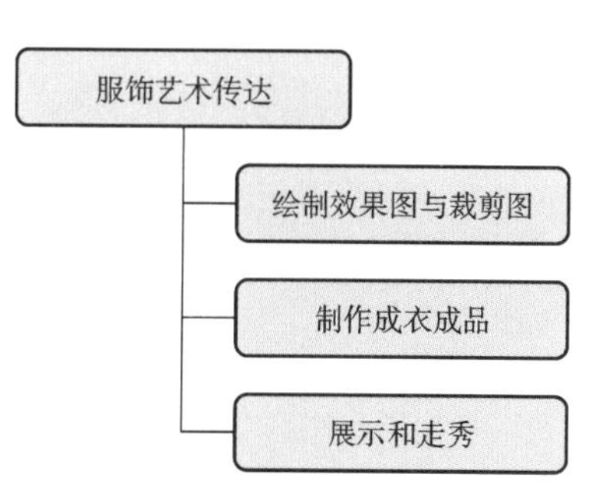

图 4-25　服饰艺术传达过程

服饰艺术传达第一步创作者是设计师，第二步创作者是工艺师，第三步创作者是着装者，每个人都赋予自己所穿着服饰以个性，同样的款式穿在张三身上和穿在李四身上，就形成了不同服饰。服饰艺术传达这三个过程之间虽是独立创作，但有时又融为一体，有时交错颠倒。比如，设计师设计一款服装为保持正面效果统一性，把拉链开口放在后背，工艺师认为这样穿着不方便，又将拉链开口放在侧腰处。

同样，艺术构思与艺术传达虽然在理论上是两个不同的方面，但在具体创作过程中却是完全统一、不可分割的，有时互相交错地起作用。设计人员在对原始素材理解加深的基础上，酝酿不同的设想时，最初的形象往往具有不定性的特点。为了孕育出完善的构思，应尽可能作多向性的探索，通常采取一边用脑想一边动手画的方式，在纸面上勾画一些服装草图，然后在画面上修改，使构思逐渐深化。最好能画出同一构思的一系列草图，以便相互比较、反复推敲，从中选择满意的构思作为进一步设计的依据。

当构思步入形成阶段，标志着设计意图已基本明朗，也就是说，设计效果图已完成，已能预测出服装制成的效果，甚至能预测出穿在人体上的着装效果。此阶段完成并不代表整体构思都完成，在今后的服装设计和制作过程中构思还要不断深化、不断完善，同时在设计与制作中会发现最初的构思有不妥之处要进行修改，也有可能对构思进行全面的颠覆，如依照效果图所示款式不能改善特定人体的缺陷。比如，服装设计构思受制作时间、成本、面料特性等艺术传达因素制约；而在艺术传达过程中，构思也不是停止的，而是走向更具体、更深入，并不断在传达过程中修改构思。所以构思是伴随在整个设计过程中的，构思与设计制作相辅相成，你中有我，我中有你。

三、服饰艺术创作风格

艺术风格就是作品从内容到形式所体现出来的统一艺术特色，如人的风度一样，它是从艺术作品的整体上所呈现出来的特点，艺术家的特点与题材特征相统一所造成的一种难于说明却不难感觉的独特面貌。具有鲜明的独创风格的艺术作品，能够产生出巨大的艺术感染力，能给人留下强烈的印象，而且使人们从这样的作品中发现不可代替的美。要了解艺术作品风格，必须了解它的以下特性。

（一）艺术风格的多样性

无限丰富多彩的现实，只有通过多种多样的作品才能得到反映，又由于欣赏者的不同审美需要，所以创作风格的多样性是必然的。

服装艺术的风格有很多，根据不同的地域、不同的历史、不同的文化产生不同风格。如最古老可追溯到古希腊、古罗马风格，中国盛唐时期风格，古波斯帝国风格，古埃及风格，再到意大利的文艺复兴时期风格，18 世纪的英国贵族及法国宫廷风格，这些风格源源不断地延续发展，到现在就演变成了我们生活中千变万化、五彩斑斓的时装。现今时代又展现出更多服装的风格，如欧美、韩版、淑女、瑞丽、百搭、日式米娜、通勤、嬉皮、嘻哈、学院派、英伦、OL（就是白领女性的办公装风格，也就是大家平常所说的白领装）、波西米亚、朋克、简约、田园、街头、民族、洛丽塔、中性等风格（图 4–26）。

图 4-26 不同风格服饰

艺术发展史表明，虽然艺术家创作具有不同个性，但他们作品又不可能超出他们生活时代、民族的共性，所以艺术风格是多样性与一致性的统一。

（二）艺术风格的时代性

某一时代的社会条件必定产生出占主导地位的审美需要和审美理想，在前面章节介绍审美差异已有所提及，艺术风格往往深深烙上时代的痕迹。如原始社会的艺术（洞窟绘画、陶器、装饰品等），都不可避免地带有幼稚与粗糙特点，又表现出生动、朴素和富于幻想的艺术特色。唐代艺术以豪华、富丽堂皇的气势来炫耀那个兴盛的时期。而西方中世纪服饰纵向夸张、神秘奢华，图 4-27 所示为日本版 *VOGUE* 完美演绎的中世纪时尚。洛可可时代服饰横向夸张、甜蜜浪漫。后现代风格服饰流于冷漠、颓废与荒诞，则与现代信息爆炸的时代氛围息息相关，如图 4-28 所示。

图 4-27 奢华神秘的中世纪风格（服饰品牌：Dolce & Gabbana）

（三）艺术风格的民族性

同一民族由于相同的社会生活条件、文化传统，必将产生相似的审美需求和审美理想，同一民族的艺术作品必然与本民族的文化特点、心理特点紧密相连。如中国传统的绘画，明显具有和西方绘画显著不同的民族风格。这种风格是中华民族在漫长的历史过程中形成的，它渗透着我国人民对绘画艺术的特殊审美需求与审美理想。在服装审美倾向上，苏格兰人钟情蓝格裙；西班牙人爱好牧羊服；朝鲜族历来喜穿白衣服，故素有“白衣同胞”之称；乌孜别克族妇女着宽大多褶连衣裙；黎族妇女的开胸无纽衣和短筒裙；维吾尔族的袷襻与花帽；蒙古族的滚边长袍和半筒高靴；苗族妇女讲究佩戴银饰，她们的银凤冠常选用“喜鹊登梅”“丹凤朝阳”等吉祥题材，做工极其精致，胸前佩戴大项圈和银锁。这些民族服饰无一不是民族风情浓郁，风格独特。

艺术风格的民族性，同艺术风格的时代性相比，具有很大的稳定性和持续性，就算在服饰国际化大趋势的状况下，人们依然钟情于本民族传统服饰。所以，很多民族风服饰品牌涌现出来，如蒙古族风格的赞·部落、崇尚手工而特立独行的阿卡（Artka）、意大利新传统主义艾特罗（Etro）等，如图4-29所示，再到各个大师时不时会推出民族系列风。属于某一民族艺术家创造的作品，往往带有本民族风格，但是，某一民族的艺术所特有的风格却不是一成不变的，它随着民族社会生活变化而变化，同时还不断受其他民族影响。所以，现代民族风格品牌的服饰，是既要有鲜明民族特色，又必须体现时代的审美理想，符合现代时尚，才能将路拓展得更宽（图4-30）。

图4-28 颓废的后现代风格（服饰品牌：Anne Sofie Madsen）

四、服饰艺术创作灵感

灵感是艺术家在艺术创作中产生的一种富有创造性、突发性的思维现象。灵感的主要特征：灵感的突发性、灵感的偶然性、灵感的稍纵即逝、灵感具有“采之不尽，用之不竭”的特点。当艺术家或设计师全身心投入创作时，平时的信息与知识储备就会被调动起来，可能会有暂时性的困惑与焦虑，需要在混沌天地里冲撞一阵，也可能忽然心智开释，创作形象生动具体呈现出来，这就是灵感的过程。服装大师迪奥曾说过，他在床上、洗澡间时常忘记自己的存在，沉浸在身外之时，艺术创作如熟透的果子从树上落下来。当然，大

图 4-29　带有民族元素的现代服饰（服饰品牌：Etro）

图 4-30　带有民族风情的时尚服饰

师灵感也来源于平时生活与知识的积累，没有前期的储备与栽培，果子不会自然落下来。

纵观古今中外著名服装大师的作品，激发设计师创作灵感的途径与方式很多，可能是地域情怀、民俗风情、风景名胜、新潮艺术、影视戏剧、高新科技、历史文物、街头文化等。要想在设计构思中灵感频现、才思敏捷，创作出的作品独特而精彩、具有长久的生命力，必须具有丰富的情感体验、丰厚的生活积累、广阔的知识积淀、深刻的思想内涵。服装界的天才也是怪才的卡尔·拉格菲尔德“醉心于服装、装潢、哲学等各个领域”，由于对众多事物的浓厚兴趣，才使他在服装上做到了许多精彩的尝试，被誉为服装界的鬼才。

本章小结

● 形式符号层一般称为艺术的形式，而意象世界层称为艺术的内容，艺术内容往往制约着艺术形式，艺术形式反映艺术内容，服装的主题属于意象世界，是服装作品的灵魂。

● 审美是艺术最重要、也是最基本的功能。

● 艺术构思与艺术传达在理论上是艺术创作两个不同的方面，但在具体创作过程中却是完全统一、不可分割，互相交错地推动创作的进行。

● 服饰艺术风格是多种多样的，同时艺术风格具有民族性和时代性的特征。

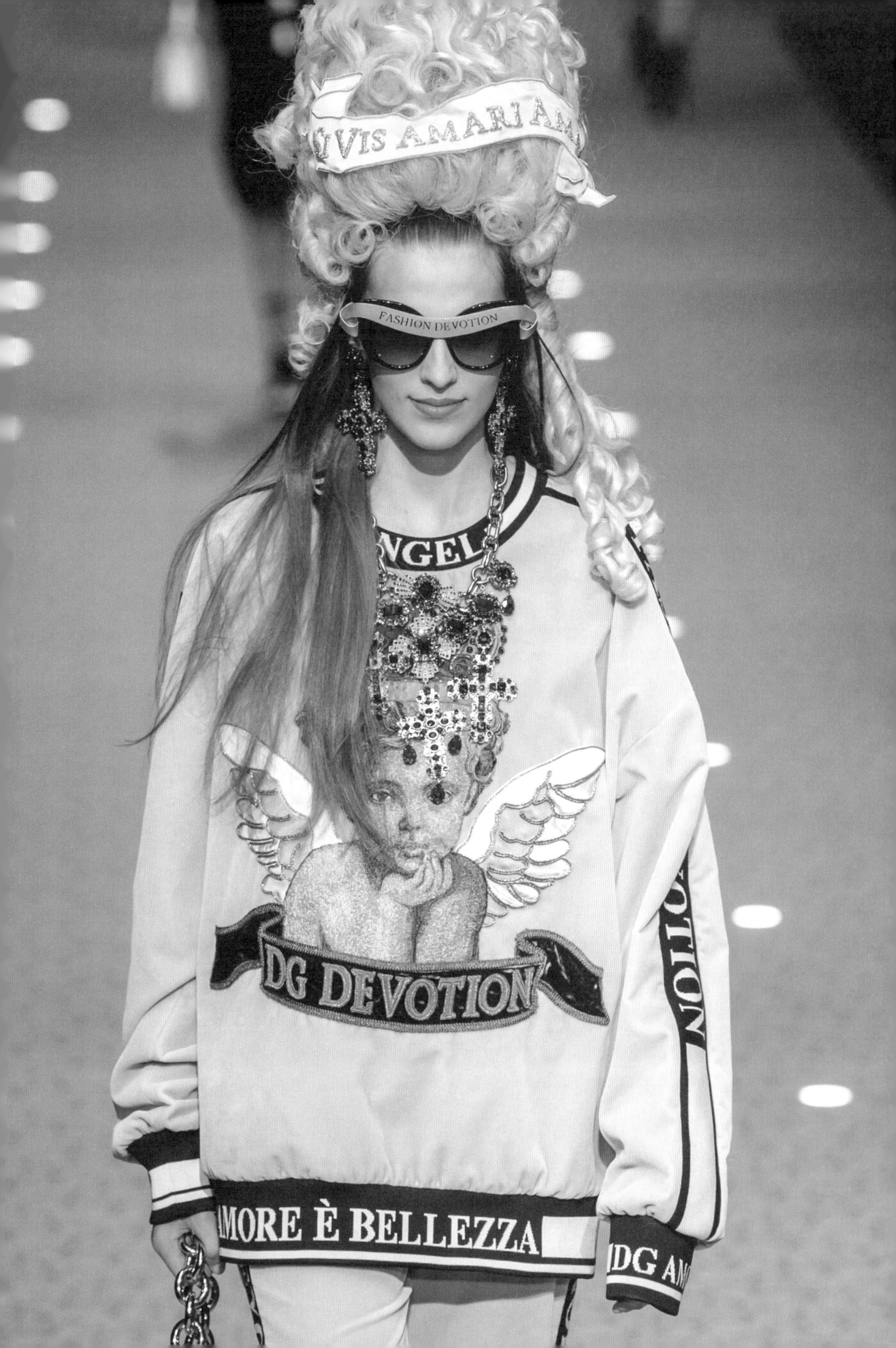
FASHION DEVOTION
DG DEVOTION
AMORE È BELLEZZA

提问：

01　你认为服饰美应该包括哪几方面层次?

02　人体与服饰美如何相辅相成?

03　流行的服饰都是美的吗?

第五章
服饰美的原理

人类穿衣戴帽，加入越来越多的美学内容，把人类之美发挥到了极致。首先，服饰与其他造型艺术一样，以追求形式美为其主要目的。人们在长期的劳动实践与审美实践中，不断地探索着服饰美的奥秘。服饰艺术美是一门综合性的美学，它是由服饰、人体、环境等要素共同构成的一个整体，服装美与着装者的体型、气质及生活环境紧密结合，是着装者涵养、思想、品位乃至素质的外在表现。服饰美与时尚又有必然联系，时尚变化无穷，又遵循一定规律，深深影响服饰的发展与审美。

图 5-1　服饰变化与统一（服饰品牌：Marchesa）
这两款服装在统一中变化，整体感强，局部设计富有趣味。

第一节　服饰形式美法则

所谓美是在经过整理，有统一感、有次序的情况下产生的。秩序是美的最重要条件，美从秩序中产生，当把美的内容和目的除外，只研究美的形式标准，即称为“美的形式法则”。美的形式法则具有普遍意义，应用范围十分广泛 。

服饰与其他造型艺术一样，以追求形式美为其主要目的。人们在长期的劳动实践与审美实践中，不断探索服饰的形式美原理。艺术上常用的一些美的形式原理，是服饰设计者所必须熟悉并善于运用的。这些原理主要有：变化与统一、主次、比例、平衡、节奏与韵律、强调与细节等，以下对它们逐一介绍。

一、变化与统一

变化是制造差异、寻求丰富性、形成多样化的手段。即应用异质要素使服饰设计产生变化，增加生动性与趣味性。统一是对矛盾的弱化或调和，从视觉艺术的范畴讲，统一就是把事物的各部分之间有机地结合起来，把对立的、矛盾的、有差异的设计元素按美的规律组合在一起，建立内在秩序，使之产生秩序和韵律，使服饰整体既丰富多彩又单纯和谐。在变化中求统一是服饰设计的一条基本策略（图 5-1）。

（一）服饰中的变化原则

在服饰上运用对比的手段，形成相互间的反差，以达到主次分明、互相衬托的效果，能够大大加强服饰的表现力和感染力。

服饰设计各要素之间的对比，可以是服装形态、色彩、材质、面积、风格等因素的对比。例如，在服装的造型设计中，服装的款式经常会采用宽松廓型与紧身廓型、直线造型与曲线造型、大造型与小造型等对比手段（图5-2）。如图5-3所示，克里斯托夫·凯恩（Christopher Kane）的作品，平直的上衣与褶皱的花边构成强烈对比的外观效果。此外，服饰品也可以适当地与服装整体造型形成强烈的对比效果，如简洁的服装可以搭配极度夸张的饰品，这样，服饰品不仅成为服装的焦点，强烈的反差效果也强调服装的造型。在前卫风格、休闲风格的服装中，常常将质地反差大的面料组合在一起，如皮革和纱质面料、皮毛和丝绸面料的并用，营造出随意自由或叛逆的风格。色彩的对比运用如果恰到好处，将加强视觉上的明快感和运动感。在色彩对比中，还要考虑面积的搭配，若对比色的面积相当，只会给人过于强烈的刺激。而将对比色采用大面积与小面积的结合，则会有响亮而又协调的视觉效果。

（二）服装中的统一原则

变化与统一的关系就像布匹中的经线与纬线，是相辅相成的。

服饰设计中，若各要素间的差异性较大，容易发生冲突，以致服装协调性不够。那么，

图5-2　服装造型对比（服饰品牌：Christopher Kane）

图5-3　服装平褶造型对比（服饰品牌：Christopher Kane）

图 5–4　皮革礼服设计（服饰品牌：Aysina）
选用硬挺的皮革与柔美的蕾丝材料结合，其视觉效果强烈而对立，但设计师巧妙地将皮革面料进行镂空处理，与蕾丝面料的镂空形成呼应，缓冲了材质间的对立。

如何解决这种困难，跨越这个障碍呢？统一的最佳方法就是在对立面中加入对方的因素或在双方中加入第三者因素，这样就会使原来对立的双方发生某种关系，从而达到协调的效果（图 5–4）。假如，服装造型中选用了极端的方形与圆形，其效果将格格不入，但如果在方形中加入一些圆的因素，就会减弱两者并置时相互强调的紧张感，从而达到既对立又协调的效果。在服装设计中，如有两个或多个对立的颜色，就应以某种色彩为主调，由主色对其他副色进行调整，通过相似明度、相似纯度等调配手段，减少各色间的对立性，从而产生有序的视觉效果（图 5–5）。相反，对效果模糊、层次不清的几个色彩，则需增加对比性，以达到统一中的趣味性效果。

在服装设计中，任何一件服装都不是一个单独的个体，而是由色彩、造型、图案、材质等许多个体共同组成的统一体，当我们判断一件服装是否具有统一美的时候，应该看个体与个体之间有何关联，这些个体又是如何形成一个整体的。构成服装的个体相互统一时，就形成服装自身的整体美。服装与首饰、鞋帽、箱包、化妆、发型以及人物的姿态等要素统一时，则会构成着装者的整体美，体现出着装者的个性和品位。

在服装设计领域，完美的设计都是统一与变化的共存。要注意的是，变化与统一的应用也有一个度的问题。一种服饰设计可以偏重于对比，也可以偏重于协调。对比强烈的设计显示出兴奋、活跃、刺激，但对比度过大就显得杂乱、破碎、不完整。偏重协调的设计显现出雅致、静谧、安详，但协调过度，缺乏必要的对比因素，就会导致单调、贫乏、无个性。

二、主次

在服装设计中，主次是实现形式美的基本方法。众多对比要素的结合，都需要取得“主次”协调的效果，形状与形状之间，色彩与色彩之间，材质与材质之间，风格与风格之间，图案与图案之间，配饰与配饰之间都要采用有主有辅的协调构成。

在众多的对比要素中，应把握一种主要的对比因素，如强调某一种基本形状；或以某种色彩为主调或以某种肌理为基调，这种方式对服装的整体产生统一的作用。对某种因素的特别强调，甚至可称为注意的“焦点”，它具有影响整体的重要性。其他要素对主体来说是从属关系，确定了什么是主，什么是从，统一的意义就明确了（图5-6）。

图5-5 用相似的纯度将对比色彩统一（服饰品牌：Etro）

图5-6 服装主次原则（服饰品牌：Emanuele Ungaro）
这两款以黑白镂空面料为主，辅以彩色皮革立体花装饰，色彩、面料主次分明。

如果一件服饰作品没有主次关系，各要素都是平等对待，设计就会主题不明、形式上零乱琐碎，缺乏视觉美感，所以主次是重要的形式美法则之一。在实际的设计中，各部分之间要区别对待，系统中必须有主有次。主要部分在设计中具有一定的统领性，根据它的效果决定次要部分的取舍。按照主次法则进行艺术创作时，根据主题要求，首先确定主体要素的安排，如主要的色彩、主要的面料等，然后再考虑次要的色彩、次要的面料等安排与取舍。

三、比例

在设计中，任何一件整体统一的造型都是由一个或几个组成部分构成，整体与部分或部分与部分之间都存在着某种数量关系，这种数量关系称为比例。比例是由长短、大小、轻重、质量之差产生的平衡关系，当具有一定数学比例的关系时，在视觉上就会感到协调与悦目。在服饰设计中，将不同的造型和不同的色彩根据比例原理做巧妙的安排，可以获得美的感觉。同样，美的服饰往往存在着优雅的比例。

>>> 美学知识

黄金比例

早在古希腊时期，人们就发明了“黄金比例法”去寻求分割的比例美。黄金分割率是用几何学计算得出来的，它以1∶1.618为比例美的标准。这也是长期以来，人们在各种造型艺术创作中积累的实践经验所形成的审美观。人的理想体型是符合这种黄金比例的。如果服装的分割线也能取2∶3、3∶5、5∶8等最佳比例，就比较容易达到比例美的效果，并同时美化人体比例。

但是，黄金比例并不是达到服装比例美的唯一途径，设计者更需要依靠自己的视觉感受和实践经验，根据穿衣人的体型条件及作品的风格和用途去进行比例设计。在现代服饰设计中常常也需要大胆突破古典比例原则，从而创造出新的视觉冲击效果。

比例将单个整体划分成许多块面，这些块面与块面、块面与整体之间的比例就是被分割的比例。在单件服装设计中，比例常用于确定服装各部分之间的长度比例、服装内部分割线的位置、局部与局部之间的比例、局部与服装整体之间的比例（图5-7、图5-8）。此外，比例还用于服装与人体裸露部分的比例关系，分割的比例必须着眼于整体。服装根据

不同的使用目的，可采取不同比例的分割布局。服装的分割线是否体现比例美，直接影响整体造型布局的成败。

同时，比例还用于服装的内、外衣与上、下装的层次搭配，其关键是体现不同服装之间的大小比例（图 5-9）。这种搭配由于不受单件服装的限制，比例分配的形式更富于变化，可灵活表现出着装者的情绪。例如，同样一款连衣裙，可以选择不同长度的外套来进行搭配，运用不同的比例关系可以实现所需的错视效果。

图 5-7 服装比例分割一（服饰品牌：Veeco Zhao）

图 5-8 服装比例分割二

四、平衡

平衡是指物质上的平均剂量，如天平两边处于均等时，就获得一种平稳静止的感觉。在造型艺术中，指感觉上的大小、轻重、明暗以及质感的均衡状态。服装设计中的平衡是指服装上下左右各方在感觉上的质和量的相等或相抵。平衡是配色比例、面积比例及体积比例等方面的重要原则。

平衡是相对于量和形而言的，一般包括两种形式：一种是对称式；另一种是非对称式，又称均衡。方式不同，效果各异。

（一）对称

对称是指相对的双方在形状、大小、距离、排列等各方面一一相同。根据形式的不同，对称可分为轴对称、中心对称、旋转对称、平行移动对称等。日常服装以中轴对称式平衡居多，这主要是由于人体左右两边对称的缘故，对称是最简单的平衡，给人的感觉端庄、朴素，也最安定（图 5-10）。我国传统的对襟服装、中山装就是对称服装的代表。

对称设计虽然在服装中应用广泛，但它使人的视线在对称轴两边重复观赏，容易产生单调、严厉的感觉。为了打破单调感，人们极力在对称的两边运用一些具有动感的斜线或弧线（图 5-11）；或采用活泼的图案、丰富的色彩（图 5-12）；或采用回转对称的形式等，这些增强动感的手法都是为了刺激人们的视觉。

图 5-9　比例分配（服饰品牌：Veeco Zhao）
外套与裙装所占比例，外套上的蝴蝶结装饰所占比例是设计师精心考虑过的。

图 5-10　对称端庄的套装（服饰品牌：Chanel）

图 5-11　具有动感线条的对称女装（服饰品牌：Alexander McQueen）

图 5-12　具有活泼图案的对称女装（服饰品牌：Alexander McQueen）

（二）均衡

均衡也称为非对称平衡。在造型布局中，不以轴线或点为中心，在空间、数量、间隔、距离上并不相等。欲取得均衡的效果，依赖于设计中各要素之间的互相补充所产生的微妙变化，给人一种平衡感。所以平衡的真正意义，是在于把不对称的东西稳定下来。不对称的布局富有活力，风格多变，受人喜欢。如晚礼服常常借助于非对称的变化形式以获得不同凡响的艺术效果。

在服装设计中，这种非对称式的应用很有价值，但又冒险，容易把握不好，失去平衡量，破坏美感。可以寻找一些非对称中求平衡的方法来解决，如图 5-13、图 5-14 所示。很多非对称服装，左右两侧的形状并不相等，而且材质、色彩也不相同，这时通过不同形状的呼应、不同材质的增减等，在视觉上形成一种等量的感觉，就会使本来不对称的造型取得形式上的均衡，更好地体现出变化和个性特点。当然，这需要设计师不仅要有较高的感知能力和创作技巧，还要有较好的判断力和审美观。

图 5-13　局部不对称服装（服饰品牌：Alexander McQueen）
在一些很稳定的设计布局中，设计一些小小的不对称部分，既活跃了气氛又不影响原对称形式的庄严和平衡。

图 5-14　量相等的非对称服装（服饰品牌：Georges Chakra）
这种不对称的设计手法常见于高级礼服的设计中，使设计更具吸引力和艺术感染力。虽然左右几乎完全不同，但应用了异形同量的手法，让人感觉到服装两边的分量是相等的，视觉是平衡的。

五、节奏与韵律

节奏与韵律本是音乐与诗歌等具有时间形式的听觉艺术的用语。节奏指音乐中乐音的高低、长短、强弱、连续、重复、间隔、停顿等组合形式。音乐就是依靠节奏来表现其情感与风格特征的。韵律指诗词中平仄和押韵规则。运动感是造型艺术中必不可少的因素，要达到造型的动态美，节奏感是一个重要因素。

在服装设计中，形、色、质的变化要用一定的组合形式去进行，其气氛的营造也可有高昂激烈与平淡低沉之分。人的视线随着这些视觉元素在移动的过程中感受到动感与变化，于是产生一种类似音乐中节奏的感受。服装中点、线、面及色彩常用“反复”“渐变”的手

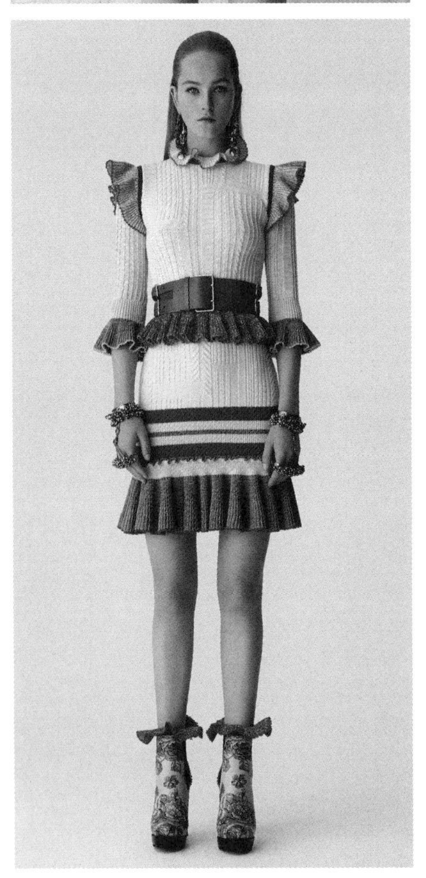

图 5–15　重复的波浪边塑造节奏感（服饰品牌：Alexander McQueen）

法，体现出轻重缓急的、有规律或无规律的节奏变化。如果这些变化能给人带来无声的旋律美，这样的设计就能成为高水平的作品。

（一）反复法

反复法是最容易形成节奏的方法，指相同或相似形象的反复出现，由此可以形成统一的整体形象。因为有规律，所以具有秩序美。其手法简单，具有单纯、清晰、连续、平和的效果。

反复法分为单纯反复和变化反复两种形式。单纯反复即单一要素的重复再现，体现了人们对简约美的追求；变化反复则是指在反复中又带有变化，如元素形状略有变化，元素疏密排列变化等。在服装上，纽扣的排列、褶裥的重复、荷叶边的设计、裙摆的波浪效果等都可以体现出节奏感（图 5–15）。重复的元素越多，节奏感越强。

（二）渐变法

渐变法是指相同或相近形象按照等比等差关系，连续递增或递减的逐渐变化。在对立的要素之间，采用渐变的手段加以过渡，两极的对立就会转化为和谐的、有规律的循序变化，造成视觉上的幻觉和递进速度感。

渐变法应用在服装设计中具有非常优美而平稳的效果，主要表现在结构上的层层叠叠、多重拼接或者色彩、图案的渐变（图 5–16），服装外形层次变化等。此外，还有喇叭裙的褶皱，用立裁法牵拉而自然形成的放射性皱褶等。

另外，渐变中的突变也是平淡中求得新奇、

制造浪漫、使人出乎意料形成新奇的有效形式。例如，一件完全竖线条的连衣裙，人们的视线从上至下移动，其图案可能会感到单调，如果在腰间扎一条横向条纹的腰带，就会形成一次不短的间隙，从而改变视线的方向。

（三）无规律的重复

无规律的重复是指不等量不等距的重复，设计元素的变化没有规律可循，只是强调视觉上统一。其间距、大小等要素的强烈对立引导目光不断游动，给视觉带来刺激性的旋律。如面料上的图案，其造型、色彩的变化大多都是根据这种旋律设计的，动感效应较强，极富趣味性（图 5-17）。

六、强调与细节

强调是设计中重要的表现手段之一，常用于体现不同的服装风格。强调的作用就是烘托主题，它能使人们的视线在一开始就关注最主要的部分，然后再向其他次要部分逐渐延伸或转移。因为能够突出重点，使设计更具吸引力和艺术感染力，被强调的部分经常是设计的视觉中心，服装设计的特色往往就体现在此。在服装设计中，可强调的对象很多，如强调主题、强调色彩、强调造型、强调材质、强调细节、强调工艺以及强调配饰等，这需要因设计的具体需要而选择。

图 5-16　图案渐变韵律（服饰品牌：Fendi）

(一)强调色彩

色彩在服装设计中是一个积极而重要的因素，强调色彩，是极易出效果的表现形式。为了达到设计的效果，选择某一个主要的色彩进行突出展示，可较大面积的使用它（图5-18），也可在服装多个部位反复出现（图5-19），其他色彩起烘托与对比的作用。强调色彩要与设计主题相呼应，应用色彩的情感、冷暖、明暗、鲜灰等特点来突出服装的设计风格。如职业装大多选用黑白灰及中性色彩，运动装则运用明快的色彩来强调设计。

图5-17 无规律重复节奏

图5-18 强调橙色

（二）强调造型

为突出服装的风格特征，在服装设计中常常对服装的造型进行强调。如近年来，一些个性化的女装多强调肩部的造型，其廓型以直线为主，使服装呈现出较明显的男性风格，其他局部均为衬托设计，以加强梯形上装的硬朗特征。同理，对于那些弧线型过于明显的服装（图 5-20），无论在什么情况下都难以变成职业装。

（三）强调材质

强调面料的功能性和审美性，也是现代服装设计中一个重要的方面。随着工业和科技的发展，运用不同工艺或者高科技手段，使服装的材料表现出不同的风格面貌。一些特殊的材料因其鲜明的个性特征，在应用时甚至可以不考虑服装的款式细节。有许多设计大师也是通过强调面料的特色，形成自己的特色风格。如三宅一生（Lssey Miyake），在设计中非常强调面料的肌理，“三宅褶”成为其服装的重要标记（图 5-21）。再如，蕾丝与薄纱是精致或浪漫风格服装常用的面料，如果将其作为设计中的强调因素，服装风格则会让人一目了然，其他构成元素无论如何变化，也难以改变其风格特色。

图 5-19　强调蓝色与橙色对比

图 5-20　强调弧线造型的礼服（服饰品牌：Marchesa）

在造型上强调礼服裙摆的曲线，裙边缘的立体褶皱与透明的纱料，充分表现出女性的柔美个性。

图 5-21　三宅褶
对面料肌理的强调是三宅一生设计的特点。

（四）强调细节

注重服装的整体款式与色彩的协调搭配，这固然是一件服装作品最重要也是最基本的原则，然而，仅止于此仍是美中不足的。为了增强表现力，在设计中，通过强调某个细节或配饰来强化服装的主体，已经成为一种新的时尚。如在一件色彩、造型或面料都较为平淡的服装中，在细节上创造那么一点匠心独具的别致，利用色彩或材质的对比产生趣味，以及用一些小配件进行点缀，更能充分表现服装的艺术特色，达到吸引人注意的目的（图 5-22、图 5-23）。

在服装设计中，这六个原则会很大程度上相互重叠，融为一体，这些原则既是服装设计的开端，也是最终目的。我们在学习形式美的同时，应认识到美是随着时间和社会历史的变化而不断发展变化的。从空间和地域的角度看，不同的国家、地域、社会都有不同的审美标准，对每个设计师而言，对美的认识也是充满个性的，要创造出具有个性的服饰设计，应该充分展示设计师的个性，运用艺术手法创造最完美的视觉效果。

图 5-22 强调细节的女装（服饰品牌：Marchesa）
一身灰色无袖裙看似简单，其实造型细看让人回味无穷。裙子是由深到浅渐变的灰色，胸口蝴蝶结是重点强调的细节，蝴蝶结上花朵的色彩又与裙色呼应。长裙配拖鞋也是款式平衡中的经典搭配手法，可以说是和谐之中又有夺人眼球的设计。

图 5-23 强调荷叶边缘（服饰品牌：Gucci）
成衣的边缘反复应用小褶边工艺，刻意强调小荷叶边细节。

第二节 服饰美与人体、环境的关系

一、服饰美与人体

服装设计的对象是人，它是美化、装饰人体，表现人的个性与气质的一种手段。实际上，用精致细节堆砌的服装作品虽然奢华艳丽，与其说它是一件时装，不如说是一件精致的工艺品，承载了设计师的心意、制作者的心血和观看者的惊叹，却缺失了设计中最精髓的东西。对时尚专业人士来说，服饰最扣人心弦的不是它惊艳奢华的外观，而是时装中传递出的设计感和对人体美的尊重。

自古以来，人类对自身外貌的追求是无止境的，人们通过外界手段塑造理想人体的方法除了身体训练外，还可以通过身体着装来达到，西方服饰史上的 X 型、S 型服饰就是刻意夸大女性性别特征以达到性感美（图 5-24）。同时，通过垫肩、填胸、着紧身裤等手段来体现男性的性感美。

图 5-24　西方 19 世纪末期 S 造型服装，强调女性曲线性感美

美丽而奢华的服饰若穿在不合适的人体上，将起不到好的视觉效果。比如，偏胖型老太太非要穿一超短裙，这样她的体型短处就暴露无遗，并不是超短裙的问题，超短迷裙本身是很美的，但它只适合长腿年轻女郎。本是豆蔻年华的少女，如果非要浓妆艳抹，扮成少妇，失去少女的自然纯真美感，也是不适宜的。反之，一件好看的服饰若穿在合适的人体上，更为人增添一番美丽。据说四大美女之一的王昭君固然有“落雁”之容，但肩膀有点窄小，她就经常身披毛皮制的斗篷。由于皮毛的蓬松，使她的削肩得到了隐藏，让人更惊叹于昭君的出众容貌。素有“沉鱼”之誉的西施虽然美丽，但是脚却比一般人大，因此她穿盖住脚面的长裙、着木屐，走起路来飘飘欲仙，更具风韵。

服饰意义在于对人体美的强化与改造，突出人体的优点，调整人体的弱点，塑造出倾向人们审美理想的人体，这就是服饰美的真谛。精心打造的服饰，若不与人体相结合，如同没有灵魂的肉体，没有情感与内涵，终将是华丽材质堆积的一躯壳而已。

二、服饰美与环境

服饰审美，毫无疑问还受着环境的制约，国际上将服装与环境的关系概括为 TPO 原则。

>>> 美学知识

TPO 原则

首先，时间（Time）原则虽说我们平日不必拘泥于此，但在正式场合，还是应适合国际惯例，做到有晨礼服、午后服、晚礼服的区别，表现出一种教养和品位。同时，还应明确，服饰的时间是以一周、一月、一季、一年来区分的，概括起来，即使是那些被列为长期性的服装（如西装）也并非是一成不变的，随着时间的流动，它依不同的空间而流动着。其次，在现实生活与工作中，人不停地变换着地点（Place），因而就产生了各种不同的穿着方式，如办公室、车间、街道、商店、学校、旅游胜地等，进行细致的区分，有针对性地进行服饰选择。最后，不同的目的（Occasion）对服饰有不同的要求，如人们接待外宾、与亲朋聚会、参加舞会、体育锻炼、婚礼、毕业聚会等在穿着打扮上都是有所区别的。

在现代社会中，社交活动尤其频繁，参加晚宴、求职应征、和他人谈判、与女性朋友的咖啡时光、集体的户外活动……在这些活动中，服饰始终扮演着非常微妙的角色。用途将决定服装的造型、色彩及表现风格。因此，如何选择合适的服饰来装扮自己，已成为现

图 5-25　女士小礼服（服饰品牌：Marchesa）

代社交生活中不可忽视的一项能力。深谙服饰美学原理的人，会根据不同的场合，选择不同的搭配方式。在这里按不同的环境介绍相应的服饰穿着方法。

（一）礼服

礼服用于参加正式或比较正式的场合，如在晚间举办的各类宴会、聚会，白天较正规的社交活动等，根据活动的主题不同，着装风格也应有所差别。在日常生活中，礼服的形式正在逐渐简化，小礼服成为现代女性必备的着装（图 5-25）。比如，商务酒会上着深 V 领的晚装别具优雅，设计上简洁、不过分华丽张扬的小晚装比较合适；正规晚宴上的晚装可以隆重、性感。如果你希望成为晚会的焦点，那些极尽奢华、坠地的长裙则最能打造高贵华丽的气质。隆重的晚礼服裙是女装百花园中开得最妖娆艳丽的花朵，有的高贵典雅，有的富丽堂皇，有的奇特夸张，风格面貌各异，而穿着者的身材、肤色以及气质是制约设计的重要条件。

（二）上班服饰

上班服饰通常包括职业装和工作服。职业装指日常上班时的着装。职业装的特点是具有一定的局限性，它受到工作环境、工作身份的制约，追求端庄、大方、优雅的风格（图 5-26）。此类服饰不要过于强调女性的妩媚与可爱，要体现出工作中的信任感，尽量选择做工精细、质地考究的职业套装；女士套装的裙子不宜过长或过短，最完美的长度是膝盖位置。上班服饰的色彩一般来讲以中性为主，对比柔和，过渡自然。虽然是在同一家公司，由于部门的不同也会有不同的色彩气氛。如在营业部，以明朗、活泼、具亲和力的色调最适宜；在财务部，为表现严谨与理性，不妨以深蓝色、灰色为主；在企划部，为了符合自由创造的特征，红色、黑色、黄色、紫色都是合适的颜色。另外，饰品的搭配应格外细心，若能在服装的重点部位添加闪烁耀眼的饰品，可随身体的移动将效果发挥到极致。

工作服是用于生产劳动中穿着的服装，特点是造型、面料及配色要根据不同的工作性质和劳动环境而变化，具有防护、安全的作用。色彩的选择也要具有实际意义，如，建筑工人橙色或黄色的安全帽，而医务人员显示清洁、镇定的白色工作服等。随着社会的发展，时尚元素也更多地融入以实用功能为前提的工作服中，表现出劳动者的美感。

（三）休闲服饰

休闲服饰是用于休息、度假、一般娱乐时穿着的服装，休闲服饰造型舒适，便于活动，具有活泼、随意的风格，一般色彩明艳，图案丰富（图5-27）。无论是到多彩多姿的百货公司中闲逛、购物，或是参观各种艺术展览以及外出郊游，都要视地点、性质装扮自己。例如，在团体郊游时，不妨

图5-26　职业装（服饰品牌：Portsaid）

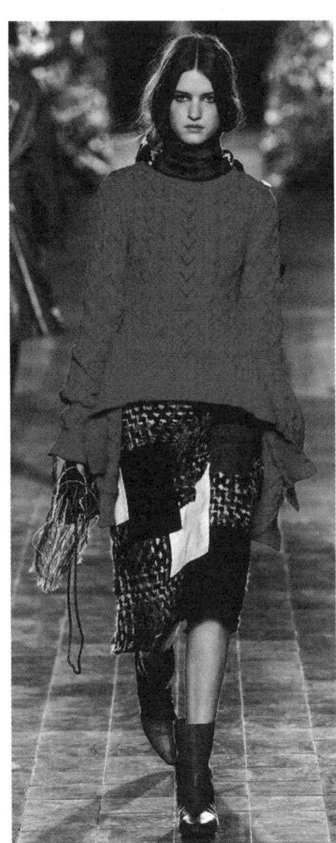

图 5-27　休闲服饰

以明朗、活泼的色调来装扮，鲜艳的色彩、高明度的色系，都是促进愉快心情与气氛的最佳催化剂。漫步在喧闹的都市或在茶楼、咖啡馆会友，又可选用中性柔和的色彩组合，让人充分享受闲暇的乐趣。

（四）居家服饰

以家庭时尚为主题的居家服，既要体现舒适、温馨、自由、轻松的情调，又要与家居环境相协调（图 5-28）。其种类也越来越丰富，包括睡衣、居家服、社区休闲（运动）服、厨艺服、园艺服……在家休闲的惬意时光中，选择让人心情放松的休闲色彩是关键。同时，面料以纯天然的棉、麻、丝为最佳。无论是在家附近随意地散步，还是在家接待客人，因为是在家中，可充分展示最完美的自我造型，在宽松舒适的款式范围内，选择自己最喜欢的式样和色彩。

图 5-28　轻松惬意的居家服（服饰品牌：Athena Chuang）

第三节　服饰美与时尚

俄国美学家车尔尼雪夫斯基说过："每一代的美都是而且也应该为那一代而存在，它毫不破坏和谐，毫不违反那一代的美的要求；当美与那一代一同消逝的时候，再下一代就将会有它自己的美，新的美，谁也不会有所抱怨。"心理学研究表明，人们对美的事物有喜新厌旧的心理，就像前面介绍过的美的产生需要距离，再美的事物看久了，不免就有厌倦之感，总想变一变，满足自己求新、求异、求美的欲望。再者，人们还有从众心理，模仿他人，力求与群体保持一致的心理。就是这两种看似对立的心理相互影响、相互作用的结果产生了流行与时尚。

可见，审美与时代存在着千丝万缕的关系，这种关系就是时尚，即在一定的时期、一定地域、某一群体中广为流行的生活方式及穿着方式。

一、时尚的周期性特点

具有时尚感的服饰，指时下流行的款式新颖，色彩、图案、工艺、装饰具有浓郁时代气息，符合潮流趋势的服饰。时尚是服饰设计基本要素之一，也是服饰美的必备条件。

>>> 美学知识

时尚的规律

时尚是有规律可循的，大体经过发生、上升、普及、衰退四个阶段。衰退若干年后又会经历新一程的循环，英国服装史学家詹姆斯·拉弗（James Laver）就曾将服饰的流行走向绘制了一张有趣的时间表：提前五年穿着流行服饰——古怪；提前一年穿着流行服饰——大胆；穿着当前流行服饰——时髦；穿着一年前服饰——土气；穿着五年前服饰——老古董；穿着十年前服饰——不知羞耻；穿着三十年前服饰——新奇；穿着一百年前服饰——浪漫。据此，时尚周期就这样周而复始，反复流行。

流行的周期与社会发展息息相关，特别与科技和经济的发展最为密切，中国古代服装往往要流行几百年至上千年，如图5-29所示，但到了近现代，服装流行在十年间就会变化更替。而当今，由于人们生活节奏的加快，现代通信信息的发达，大大促进了服装变化的速度，甚至一些著名时装店的橱窗，往往几天就要更换一次样品，否则就跟不上时尚的脚步。

图5-29　流行中国多个朝代的襦裙

每种服饰的流行周期有长有短，有快有慢。其演变规律有以下几种：越是夸张的服饰款式，其流行周期越短；而相对简洁的服饰款式则流行周期较长，如牛仔服流行好似永不过时。一般而言，室外服饰流行周期短，室内服饰流行周期长；外衣流行周期短，内衣流行周期长；夏季服饰流行周期短，冬季服饰流行周期长。

二、服饰美与时尚的关系

一般说来，流行的东西，大多是美的、切合时宜的，但流行和美不可绝对地划等号。服饰流行是客观存在的，一种新的服饰流行，它意味着一种社会性的认同，表现一种群体审美的需要，标志着当下的审美趋势。若一个设计师蔑视一切流行的东西，不愿意追求新潮，那他设计出的服饰会与社会格格不入，这样的服饰就是蹩脚、失败的设计。但是，流行的服饰也并不一定都是美的，还有很多流行的服饰并不美。在西方，有一度流行的笨拙的金属时装；有被称为“丑陋的流行”的松糕鞋（图5-30）；还有由赛琳（Celine）掀起的一场“编织袋”面料时尚（图5-31）。这些作品表达了某些“畸趣”，往往只是昙花一现，一时以新奇刺激人的感官，但很难作为经典保留下来。

流行的服饰不一定是美的，但美的服饰一定要是流行的，当衣物成为司空见惯的东西，人们就会望而生厌，比如，美丽的姑娘穿着过时大衣走在大街上会被人看不起。喇叭裤美不美，不在于它的造型，而在于它流不流行。同理，萝卜裤美不美也不在于它的造型，只在于它合不合潮流。紧身裤在现在有可能认为不美，在将来很可能就会成为美的物品。人的审美观随着时间的推移而发生变化，这是一种社会共性。康德尖锐指出：“脱离流行而执着以往的习惯就是守旧，把脱离流行视为一种有价值行为的人，则是一个古怪的人。顺应流行的蠢人总比脱离流行的蠢人要强。”

所以，欧美许多高级洗衣店有许多没人领取的过时的服装，时尚触觉店遍布世界各国，时尚买手们拿着高薪到处寻找潜伏的时尚，驱动力均是因为

图5-30　被称为“丑陋的流行”的松糕鞋（服饰品牌：Fendi）

图 5-31　编织袋面料时尚（服饰品牌：Celine）

人们求新求异的心理，要想设计出或穿出美的服饰，必须紧抓时尚的脉搏。

综上所述，服饰美应该包括三个层次：第一层次是服饰的造型、色彩、图案、工艺等基本要素的组合，所呈现的符合形式美法则的整体美，属于服饰自身的美；第二层次是服饰与人体、服饰与着装者所处的环境相适宜，呈现出服饰与外界的和谐美；第三个层次是服饰与流行结合呈现出来的时尚美。所以服饰美的原理不是简单的服饰好看就行，服饰是死东西，它是不能单独形成服饰的整体美的。服饰设计的宗旨，就是为了追求服饰与人体、服饰与环境、服饰与时尚相结合的整体美。

本章小结

● 形式美法则是一切造型艺术创作、审美的标准。优秀的服饰设计师要善于应用形式美法则，创作出具有美学意蕴的作品。

● 美化人体是服饰艺术的基本作用之一，对人体扬长避短，更好地衬托出人体美是服饰的意义。而在不同的社会活动中，选择用什么服饰装饰自己，需要综合考虑时间、地点、目的等因素，才能达到理想的审美效果。

● 服饰设计符合时尚是理所当然的，对服饰的趋势进行预测，创作出新的契合时尚的服饰，是一种审美享受活动，也是服饰设计的本质。

提问：

01 你认为服饰搭配的原则有哪些?

02 如何正确地表现出自我特征?

03 服饰配件如何与服装整体协调?

第六章

服饰穿着与搭配

服饰审美活动异于其他艺术审美活动的一个重要方面，是审美主体与审美对象常常合二为一。服饰常常是与人体有机地结合在一起而被人审视和欣赏的。衣服只有穿在人身上，才能获得生命。服饰之美依赖于穿着者的内心期望与穿着效果的相符程度。服饰美感的产生不仅仅源于服饰本身，还更依赖于服饰的组合方式。因此，为了塑造一个完美的服饰形象，穿出自己的特色，首先要从了解自己开始。

第一节 全面了解自己

人是审美的主体，服装与饰品都是为了把人打扮得更漂亮。人的形象千姿百态，除了民族、年龄、职业的差异外，在气质、性格、容貌、肤色、形体特征等方面，还存在着更多的差异。

服饰穿着搭配的最高目标是创造一种个人风格。怎样最大限度地美化人物形象是服装所要表达的重要内涵。在服饰选择与搭配过程中，首先要全面了解自己的形象，才能通过服装和时尚饰品正确地表现出自我的特征，塑造出综合性的视觉形象。

一、了解自己的外型特征

选择和搭配服饰的第一步是分析自己的现状，了解一下别人眼中的自己，以及希望展现给他人的形象。为了能够准确地获取这些信息，通常需要通过交谈、拍照、录影等客观分析方法，完成形象分析诊断书。在得出形象诊断结果后，着装者就要根据自身特征，巧妙地利用服装及饰品为自己服务，最大限度地扬长避短，这就是形象改造的过程。当把服装与个人形象联系在一起时，就诞生了“形象设计”这个概念，个人形象与服饰的高度统一，既改善了人物的外在形象，同时又提升了着装者的自信心。

>>> 美学知识

着装者与服饰品“形、色、质”的协调统一

我们在谈论服装及饰品时，大家都很清楚服装是由色彩、形状、材质构成的，这三个构成要素的变化，使得服装及饰品的种类、形式变得多种多样。同样，人的身上也有色彩、形状、质感三大元素。人的形象也是由这三者最先传递出来的，这三者的变化，使人的形象发生改变。因此，为了塑造一个完美的形象，必须要让人的“形、色、质”与装饰元素的“形、色、质”共同构成协调统一的风格特征，这是挑选服装及饰品的最基本法则。

我们必须先学会认识自己，并努力寻找自己和装扮元素之间的共性关系。例如，对

“形”的理解，它是指身体本身和身体上所穿戴的所有物品的轮廓、量感和比例带给人的视觉感受。修长或臃肿，小巧或高挑，女人味儿或男人味儿，很大程度都由“形”表达出来。人的“形”与装扮元素的“形”共同构成的显性特征，它在一定程度上决定了你是个风格一致的人，还是个线条紊乱、风格指向不明确的人。如果一个身材高大、线条偏直、中性味很浓的女人，选用的都是曲线、纤弱、女人味十足的服饰品，只能反衬出她的刚性。而如果她根据身形特征，选择直线、简洁帅气的服饰品，反而能达到和谐的效果。

二、了解自己的角色

穿着者的身份、地位、职业等属于人的社会特征，穿着者只有充分了解这一社会属性，才有可能使穿着艺术大放异彩。通常，在自己的工作场合中，总统不能打扮成摇滚歌星；艺术家不适合穿着太严谨；军人的服装要具威严感；而医生则适合穿着浅蓝等接近白色的服装，若套上花里胡哨的休闲服，会给病患者不值得信任的感觉。

◆ 美学案例

服务员的着装

曾经一位主管纺织的领导去视察某大饭店的工作，饭店经理询问：“您看我们服务小姐的旗袍漂不漂亮?”领导回答：“服务员个个高挑美丽，而服装雍容华丽，又有民族特色，但服务员真的不适合这种服装。首先服务员要端菜倒水，穿旗袍迈不开步伐；其次昂贵的织锦面料沾上汤水不易洗涤；另外，服务员穿着过于华丽，顾客服饰稍有简朴便会相形见绌、自惭形秽，这样会给来饭店的客人带来尴尬窘迫感。”服务员的服装应该美观大方，易于顾客识别，并且便于洗涤。

所以，适合自我角色的服饰才是美的，在此基础上再加入身体语言、礼仪等方式，使着装者具有独特风格，这才是真正的服饰形象塑造。

第二节 服饰色彩选择与搭配

到目前为止，我们一直在讨论在什么场合、什么时间、穿什么样式的服装比较好，但还有一个问题更重要，那就是我们自己适合什么颜色的衣服呢？有时，我们非常想给别人留下一个好印象，于是全凭感觉来选择自己的喜好色，可是如果这种颜色并不适合自己的话，结果将会适得其反。不恰当的配色不仅不会增加穿着者的美感，还会破坏穿着者的优点。因此，了解人与配色应用的关系至关重要。肤色、体型和性格在服饰配色中占据着关键的位置。

一、找到适合自己的色彩类型

当面对五彩缤纷的服装色彩时，想让颜色更好地为穿着者服务，就必须先弄清楚自己的肤色最适合什么样的服色，形象设计师大多使用目前流行的“四季色彩理论”为人们设计形象。

>>> 美学知识

四季色彩理论

“四季色彩理论”的重要内容就是把服装及饰品的色彩，按基调的不同进行冷暖以及明度、纯度的区域划分，进而形成四大组自成和谐关系的色彩群。由于这四大组色彩群的颜色刚好与大自然四季的色彩特征相吻合，因此，便把这四组色彩群分别命名为“春”“秋”“夏”“冬”。其中“春”“秋”色彩群为暖色系，“夏”“冬”色彩群为冷色系。在穿着打扮上，我们自身具有的“色彩属性”应该与我们选择的最佳服饰色调相一致。虽然我们同为黄种人，但每个人的体色系统都略有不同，我们与生俱来的肤色、发色、眼色、唇色应该与选用的衣服色、饰品色、妆色相匹配。因此，根据人体需要和谐地处理色与色的关系，确保两者之间的平衡，这也是挑选服装及饰品色彩最基本的法则。

(一)春季型人的色彩选择

春季型人的肤色为暖色调，大多都呈现象牙调的浅色皮肤，容易出现腮红，皮肤很薄。头发细软而偏黄，棕黄的眼睛明亮而晶莹，整体给人年轻、开朗的印象。

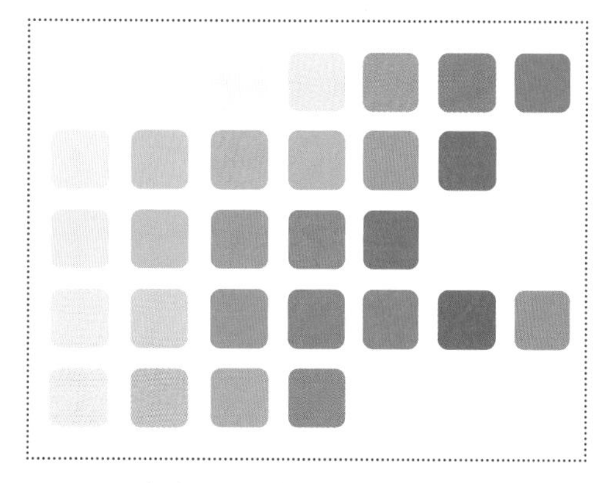

图 6-1　春季型人适合的服装色谱

春季型人的服饰基调适宜暖色系中的明亮色调，如亮黄绿色、杏色、浅水蓝色、浅金色等，都可以作为主要用色穿在身上，突出轻盈朝气与柔美魅力同在的特点（图 6-1）。对春季型人来说，黑色将不再“安全”。过深、过重的颜色与春季型人白色的肌肤、飘逸的黄发间出现不和谐音，使春季型人十分黯淡。如果现有衣橱里还有深色服装，可以把春季色彩群中那些漂亮的颜色靠近脸部下方，与之搭配起来穿（图 6-2）。

图 6-2　春季型人适合的服装配色

（二）夏季型人的色彩选择

夏季型人的典型肤色是偏冷的色调，眉毛与头发属灰黑色系而非金色系列，脸颊呈粉红或玫瑰色，双唇的红润也呈柔和而冷色调的玫瑰红。夏季型的人具有恬静、优雅、飘逸的气质。

夏季型人适合以蓝色为基调的轻柔淡雅的颜色，如粉色、水蓝色、带有神秘感的薰衣草紫色等（图6-3）。此外，淡蓝色、正蓝色也能突出纯洁感。选择红色时，以玫瑰红色为主；夏季型人穿灰色非常高雅，但注意选择浅至中度的灰，不同深浅的灰与不同深浅的紫色及粉色搭配最佳；夏季型人不适合穿黑色以及藏蓝色，过深的颜色会破坏夏季型人的柔美，可用一些浅淡的灰蓝色、蓝灰色、紫色来代替黑色（图6-4）。

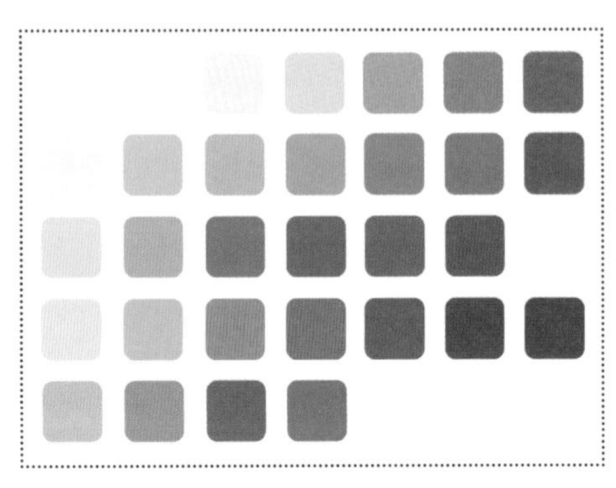

图6-3　夏季人适合的服装色谱

图6-4　夏季型人适合的服装配色

（三）秋季型人的色彩选择

秋季型人的肤色偏暗，大多呈现不同深浅的象牙色，也有的趋于较深的棕色。多数人都不易出现腮红，拥有暗茶色的眼球、深茶色头发，稳重的目光，整体给人成熟、稳重的感觉。

秋季型人的服饰基调是暖色系中的沉稳色调（图6–5）。浓郁而华丽的金色调极易衬托出秋季型人成熟高贵的气质。秋季型的白色应是以黄色为底调的牡蛎色，其与柔和的颜色搭配会显得自然而格调高雅；选择红色时，一定要选择砖红色或与暗橘红相近的颜色；秋季型人适合的蓝色是湖蓝色系，与秋季色彩群中的金色、棕色、橙色搭配可以烘托出秋季型人的稳重与华丽（图6–6）。秋季型人不适合太强烈的对比色，只有在邻近色相的浓淡搭配中才能突出华丽感。另外，穿黑色也会使皮肤发黄，可选用深砖红色、深棕色、橄榄绿等色彩来替代黑色。

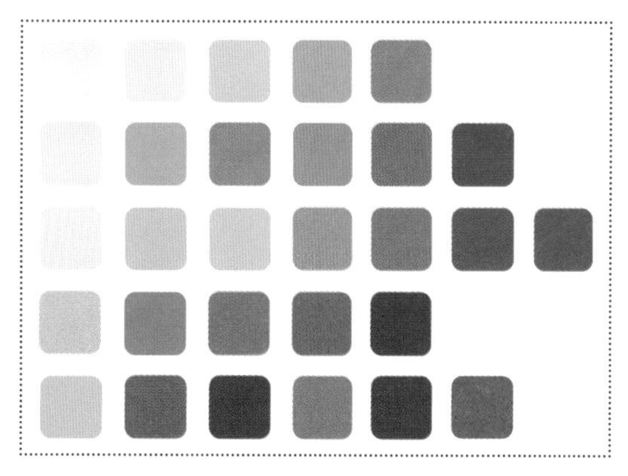

图6–5　秋季型人适合的服装色谱

图6–6　秋季型人适合的服装配色（服饰品牌：Valentino）

（四）冬季型人的色彩选择

冬季型人的肤色大多较暗，无论肤色深浅都有略略发青色的感觉，头发、眉毛都较为浓黑，眼珠与眼白对比较为分明，目光锐利，给人一种个性、冷艳、时尚、大气的印象。

冬季型人选择的服饰应该是带蓝调的冷的、浓的、鲜的色彩。最适合鲜明、华丽、锐利的纯色（图6-7）。如以耀眼的红、绿、蓝、黑、白等为主色，冰蓝、冰粉、冰绿等皆可作为配色点缀其间。冬季型人只有强对比的搭配，才能显得惊艳、脱俗。在四季型人中，只有冬季型人最适合使用黑、白、灰三种颜色，也只有在冬季型人身上，这三个大众常用色才能得到最好的演绎。但一定注意在穿着深重颜色的时候，一定要有对比色的出现，如黑色与白色、黑色与玫瑰色的搭配，都能体现出冬季型人的时尚感（图6-8）。

图6-7　冬季型人适合的服装色谱

图6-8　冬季型人适合的服装配色（服饰品牌：Kenzo）

二、服饰色彩的搭配技巧

(一)统一搭配法

服饰色彩用多种颜色进行组合时，往往容易使人无从着手，不知所措。这时可以先确定一个主色或者确定一个主色调，这种有重点的配色原则比较容易达到协调。

所谓“主色”配色，是以色相为主的配色方式，由一种特定的颜色来统一整体的色调。具体而言，“主色”配色既可以是同一色相的色彩搭配，如红色配粉红色、藏青色配浅蓝色等。也可以是以一种注目性高或面积较大的色彩为主，搭配少量对比的色彩或灰性的色彩，如大面积的绿色配小面积的红灰色，这种搭配并不会改变“主色”的支配地位。“主色”配色很容易制造出具有整体感的配色，也可以说它是配色的基础。

“主色调”配色，则是由一种特定的色调来统一整体的配色方式。也就是说，“主色调”配色不会限定以某种颜色为主色，而是使所有颜色都属于同一种色调，如明亮色调、灰暗色调、鲜艳色调等。即使色相差别比较大，但只要纯度或明度属于相同的基调，组合起来也可以给人一种统一的印象。如浅蓝色、浅绿色、浅紫色等浅淡色彩的组合，营造出清新、淡雅的色调(图6-9)。因此，“主色调”配色的方法在时装界得到了广泛的应用。

图6-9 统一搭配法

图 6-10　呼应搭配法（服饰品牌：Dolce & Gabbana）

图 6-11　点缀搭配法
艳丽的玫红色配饰与灰色调的服装构成视觉强烈的反差，迅速起到“提神”的作用。

另外，服装的整体色彩采用“类似色”的搭配，也能较好地配置出统一的色调。在色环上处于 90° 以内的色相，都是彼此的类似色。类似色的搭配属于较容易调和的颜色，主要是靠相互间共有的色素来产生调和的作用，例如，黄——黄绿的共同色素是黄。而蓝绿——蓝——蓝紫的共同色是蓝。其对比效果比同一色相丰富、活泼，因而既显得统一和谐又略有变化。

（二）呼应搭配法

色彩在服装上的配置，通常都不是孤立存在的，要体现色彩的层次感，须充分考虑服装的上下装、内外衣以及不同部位色彩的相互呼应，这样服饰形象才能显得更完美、和谐。如头饰、腰带、围巾以及鞋靴在色彩上的遥相呼应，使其他的色彩不会显得孤立、单调，而这种呼应还可为整体配色增添情趣（图 6-10）。

（三）点缀搭配法

点缀搭配法又可称为强调法，配色时为强调服装上的视觉效果，弥补服装整体的单调感，在某一小部分使用醒目的色彩，使整体看起来更具装饰感。选择在大面积色中点缀小面积的对比色彩，如在暗色调中点缀明色、在暖色调中点缀冷色、在浊色中点缀鲜艳色等手段，构成整体服装色调的强调法（图 6-11）。

服装上小面积的配色位置有领子、袖子、口袋等部位，还可利用与服装相配的首饰、帽子、腰带、围巾等服饰品的色彩来点缀服装，使小面积的强调色与大面积的服装色彩形成反差。强调色恰当使用可弥补配色的贫乏，起着“提神”“点缀”之作用。在统一色调的服装上点缀不同色或相反色的袖边、领口、口袋等，这种配色法既文雅又庄重，作为职业女性穿着较为适宜。

（四）对比搭配法

指在色环上相距120°~180°色相的相互搭配，如蓝与红、黄与紫、蓝与橙等。具有饱和、华丽、活跃的特点，易使人兴奋、激动，达到新奇效果（图6-12）。但处理不好又极易产生刺目、杂乱感。如果对比色相的纯度彼此过高，而且面积均等，易产生不调和的感觉，可以在面积上进行调整或者提高或降低部分色相的明度和艳度，都能产生调和的效果。再者，如果补色采用无彩色的黑、白、灰、金、银这“五大补救色”作底色或隔离色的话，对比也会大大减弱。世界上许多民族服装就大量使用黑色、深蓝色、深褐色等暗色与鲜艳的色彩进行对比，成为服装色彩搭配中无彩色与有彩色搭配的最佳范例。

图6-12　对比搭配法（服饰品牌：MSGM）

图 6–13　花色搭配（服饰品牌：Dolce & Gabbana）

（五）花色搭配法

花色搭配法指服装中色相较多，呈现五彩缤纷的“花色”，这是最活跃的一种配色方法。在这种多色的配色中，必须让其中某一色占主导地位，当该色在色彩群中起决定作用时，色调就倾向于它。如以红色为主色时，其他的副色则最好能与主色成类似色，即使选用小面积的对比色也能达到多色变化的调和效果。另外，花色与单色的搭配也是一种安全的配色方法，如一件花色的裙子，可以选择花色中的任意一色来搭配上衣或配饰，这样的配色既年轻又优雅，同时令人感到舒适和放松，如图 6–13 所示。

色彩搭配的方法非常多，不一而足，我们可以顺着以上的思路去举一反三。总之，无论哪种方法都应该表现出人们心目中的感情和趣味，如欢快、肃穆、神秘、轻松等。富有情趣的服装配色是协调的高级阶段。选择色彩，不仅是单纯地追求美，而应该运用色彩的联想和象征意义去抒发各种情感，追求不同的趣味。

第三节　服装款式的选择与搭配

人们的体型千差万别，变化多样。拥有匀称美好体型的穿着者，可以任其喜好或紧跟流行趋势来选择服装，尽情追求自己的服饰风格，展示完美的个性。但现实生活中的人体型并非都是十分理想的，有时某些不足则可能会直接影响到形象的效果。而设计师就是通过人们的多种需求，设计出用以弥补不足体型的服装。

一、不同体型人的穿衣选择

最常见的女性的体型有正三角形、倒三角形、矩形、沙漏形、椭圆形等，如图 6–14 所示。

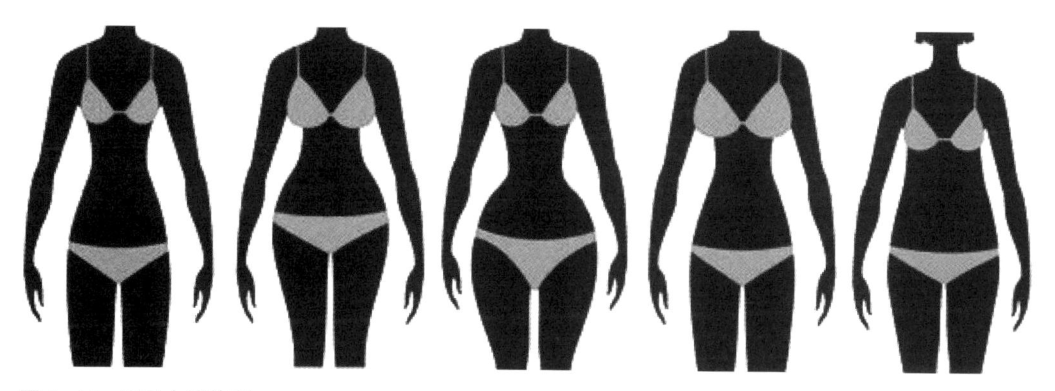

图 6–14　不同女子体型

（一）正三角形体型穿衣技巧

正三角形体型的人，通常是小胸部或窄肩，而臀部过于丰满，下半身感觉较重。上衣可适当选择有膨胀感、宽松但依然能保持身材的服装，色泽比下身更亮或者带有花纹。在肩部可以选用泡泡袖或加上垫肩，避免穿让肩膀看起来窄的款式，如蝙蝠袖、落肩袖等（图 6–15）。在衣服上部保留一些特殊的设计细节，如宽边领、花边、围巾。紧身服装会破坏上下身的匀称感，因此应尽量避免。

图 6–15　适宜正三角形体型的人穿着的服装（服饰品牌：Givenchy）

正三角形体型的人适宜选择宽肩大领或大袖设计，增大上半身分量，减少下半身分量。对于那些时尚但长度较短的夹克也要慎选，可选择较宽松且长度较长的服饰盖住臀部，但要注意衣服的下摆不要正好结束在臀围最宽的地方。

（二）倒三角形体型穿衣技巧

倒三角形体型的人，通常上半身比较笨重，胸部丰满、背宽，腰粗而短。而与此相比臀部较小，臀线高而平，腿相对较长，产生出上宽下窄的比例。

对于倒三角形体型的人，需要运用服装的细节对形体下半部进行装饰，创造一种较为均衡的外貌。上衣适合选择宽松、自然下垂的简单设计，保持简单的领型，在细节上特别要避免宽大的造型，如夸张的垫肩、荷叶领、泡泡袖、口袋、褶裥等，在衣服上部安置垂直风格线，产生修长感。为了将人们的视线转移到中下半身，应选择较宽大的裙型，像蓬松裙、百褶裙、碎褶裙等，如图 6–16 所示。也可以在宽松裤子上选择大口袋等细节装饰。

（三）矩形体型穿衣技巧

矩形体型的人，肩部、腰部、臀部和大腿部位的宽度大致相同。这类人的体重通常不在标准范围内，虽然上下身比较匀称，但腰线不明显，缺乏曲线美。

矩形体型的人适合穿有量感以及多层次的服装，如宽松的针织长衫可以让身材更加柔美；带波浪线的上衣配花边装饰下装，如图 6–17 所示，图案浅明一些的暖色比深暗的冷色更有生机。这种体型也可以借助有曲线的项链、耳环、围巾等饰品将视线集中在上半身，如此种种都可以起到很好的修饰作用。

图 6–16　适宜倒三角形体型的人穿着的服装（服饰品牌：Elie Saab）

对于倒三角形体型，适宜上身简单，下身呈喇叭轮廓的设计。

图 6–17　适宜矩形体型人穿着的服装（服饰品牌：Kenzo）

适宜增加下摆或肩部的分量，同时利用色彩的分割分散人们对腰部的注意力，增强体型曲线感。

（四）沙漏形体型穿衣技巧

沙漏形是比较理想的身材，在服装搭配中，上、下半身应“同步”强调，以避免头重脚轻或头轻脚重的效果。“纤纤细腰”令人嫉妒，穿上腰部有些细褶的款式或腰部系上宽腰带，看起来很不错。也可穿夹克以显现柔刚相济，人会显得神采奕奕。

（五）椭圆形体型穿衣技巧

椭圆形体型的人，通常身体脂肪较多，全身看来圆圆满满。背部、臀部较大、较圆，胸围、腰围、臀围、腿围等较大，身体的大部分部位因为肥胖而成椭圆形。

对于椭圆形体型的人，可以利用直线和棱角表现轮廓，弥补因肥胖带来的笨重感，如图 6-18 所示。可以灵活佩戴精致而有设计感的饰品，将视线转移到面部。一般来说，在服装色彩上选择冷色或大面积灰暗一些的色调。但如果全身上下都是黑色的话，则会显得沉闷、无生气。试着改变配色，将小面积亮丽的色彩与黑色的衣服搭配，反而能分散视线，使形象看起来更苗条而有生气。

穿着分段式服装时，上衣与下装在色彩上应当进行协调搭配；服装的面料建议不要选择过薄或过厚的材质；尽量避开圆领、肥大袖口等设计以及圆形项链等饰品，以免带来负面效果。

图 6-18　适宜椭圆形体型人穿着的服装
椭圆形体型适宜用有直线轮廓的服饰，以修饰椭圆形体型的饱满感。

二、服装款式的搭配技巧

从 20 世纪末开始，加大码、反穿以及贴身透明等存在于传统时尚概念之外的衣服，在街头时尚中前仆后继地涌现出来。洗坏的T恤配上超长袖子的毛衣或下摆过大的背心，褪色与破旧感渐渐地成为时尚。人们对时尚的理解与优雅、端庄、可爱、性感等品位的象征渐行渐远，这种“反时尚”的状态成为现在的最新流行。

近年来，服装设计师们构建出追求服饰、发型、化妆等多方面整体搭配协调的概念，进而扩展到生活的方方面面。同时，年轻一代正受到“自我感觉好即可”的价值观和积极思考方式的影响，人们逃离了规范化服装的穿戴形式，休闲化倾向和多层式服装款式开始流行。在此潮流影响下，不同的服饰搭配法出现在我们的视野中。

(一)统一搭配法

统一搭配注重服饰整体的款式统一性。如图6-19所示，以男子休闲礼服为例，服装主色调要明确，全身上下总共不超过三色；西装、西裤、衬衣加领带是标配，搭配休闲皮鞋为礼服增加趣味性，使服饰不呆板。一般情况下，上衣穿着西装，下身就不宜穿短裤或者休闲裤，因为它们不是同一种款式，一个是正装，另一个是休闲款。另外，搭配时要求上下面料质地厚薄尽量一致，如呢大衣搭配紧身裤加闪亮靴子。统一搭配的要领在于既要简洁又要追求变化，让服装依据人的个性展现出不同的美感。

(二)点睛搭配法

点睛搭配指在某种服装风格上再添加一种服饰，从而变换成另一种形象，这是丰富原有服饰风格的表现方法。每个人都拥有许多单色面料的上衣、裤子、裙子作为着装的“基础设施”，出于着装需求，我们有时不得不穿颜色与面料都一

图6-19　风格统一的男装(服饰品牌：Dolce & Gabbana)

致的衣服，其穿着效果总摆脱不了乏味。因此，点睛搭配就成为最重要的出彩手段。

通常，点睛搭配可使用精致优雅的首饰、丝巾、别针、手镯、腰带、帽子、手包等饰品来实现，这是营造气氛的主要因素。大部分人虽然经常买新衣服，却吝于买上几件服饰品，不要小瞧这些小配件，它能为我们的衣着锦上添花，如图 6-20、图 6-21 所示。

（三）交叉搭配法

在服装领域，交叉搭配法是指把相反的设计、面料、造型、风格等要素进行交叉搭配，

图 6-20　点睛搭配法

休闲外套搭配衬衣效果稍显平凡，但如果搭配一条别致的项链和一顶窄帽檐的帽子，立刻变得时尚起来。

图 6-21　点睛搭配法（服饰品牌：Dolce & Gabbana）

普通款式的吊带裙及衬衫，配上 Dolce & Gabbana 标志性的金属质感配饰，就不那么俗套，同时让作品充满地中海风情。

这是一种标新立异、追求新颖的方法。这种搭配方法脱离了大众思维，把截然相反的服装设计要素进行组合，将冲突感带来的视觉冲击力升华为美感。它超脱了以往的常识和框架展现出异样美，犹如一股清泉，迎合了人们展现自我个性的心理，受到年轻人的推崇。下面介绍几种交叉搭配类型。

1. 不同造型交叉搭配

不同造型的交叉搭配，主要通过廓型的对比得以表现，包括服装各个部位之间的大与小、松与紧、曲与直、长与短、简洁与复杂等因素的对比，如图 6-22 所示。

在生活中，只有身材足够自信的人，才适合穿紧身造型的服装。全身着紧身装的人，看上去就会像一张“人体解剖图”，而一身松松肥肥的上下装，又往往会让人感到邋遢、不利索。一般来讲，只有松紧搭配合适的服装才会让身材平衡、美丽。

2. 不同面料交叉搭配

不同面料的交叉搭配，指利用从质感、用途、形象等方面完全不相匹配的面料进行的服装搭配，这种方式能创造出一种新颖的美感。例如，有光泽的裤子搭配针织衫、坚硬的牛仔裤搭配柔美的花边罩衫；精良材质的毛皮大衣，里面搭配轻薄的纱裙，如图 6-23 所示，服装呈现出不同季节、不同厚薄、不同软硬、不同粗细等面料的交叉组合，这样的国

图 6-22 不同造型的交叉搭配
左图服装采用上松下紧交叉搭配；右图服装采用外直内曲交叉组合。两款服装大小长短得当，收放自如。

图 6-23　不同面料交叉搭配（服饰品牌：Fendi）

际化着装原则将会越来越流行。现代社会空调产品的广泛使用，使人们对于在不同季节应该穿用特定面料的服装意识逐渐减弱，不同面料的交叉搭配不再受季节变化的影响，成为服装搭配的新形式。

另外，当服饰整体佩戴只有同一种色彩时，请尽量选择不同材质、不同肌理的面料，这样产生的不同光感将营造出趣味性与丰富感。例如，新娘婚礼时的装束，尽管全身上下都是白色，但新娘的形象并不乏味，仿佛仙女下凡，其主要原因就是使用的白色面料有很大的不同（图 6-24）。

图 6-24　婚纱礼服（服饰品牌：Zuhair Murad）

此款婚纱是由不同的米白色面料制成，米白上衣是半透明镂空蕾丝、内衬裙子是乔其纱、外层裙子是欧根纱、腰带是丝光缎带、头饰是尼龙网纱。各种面料交相辉映，打破全身同一色彩的乏味感。

3. 不同风格交叉搭配

不同风格的交叉搭配，也是一种体现个性化美感的搭配方法。这种搭配方法是指不同风格服装之间进行的搭配，包括优雅风格与休闲风格的搭配、都市风格与田园风格的搭配、民族风格与异域风格的搭配、不同用途服装之间的搭配、传统风格与创新风格的调和等（图 6-25）。其实，做个混搭高手并不是一件容易的事，必须下工夫学习一些混搭的技巧，多看看街拍的潮人和模特的走秀也是不错的方法。

4. 不同性别交叉搭配

不同性别的交叉搭配，指突破男装与女装的界限，女人可以肆无忌惮地享用以前男性专属的服装单品，如西装、领带、衬衣、T 恤、礼帽、手包等。对于那些五官偏直线、目光犀利、性格果断、独立的女性，在形象设计中往往被界定为男士风格。男性的装扮、做派也已成为一些明星艺人独特的形象标记。

同时，男性也继续着他们的“孔雀运动”，服饰上鲜亮的色彩、夸张的图案也不会让人目瞪口呆，或像女人一样穿着薄透、裸露服装，如图 6-26 所示。不同性别的交叉搭配已经成为服装搭配的新趋势，在国际舞台一些品牌的服装发布会上已经将男装与女装同台发布，服饰混搭穿戴，打破了人们过往的思维。

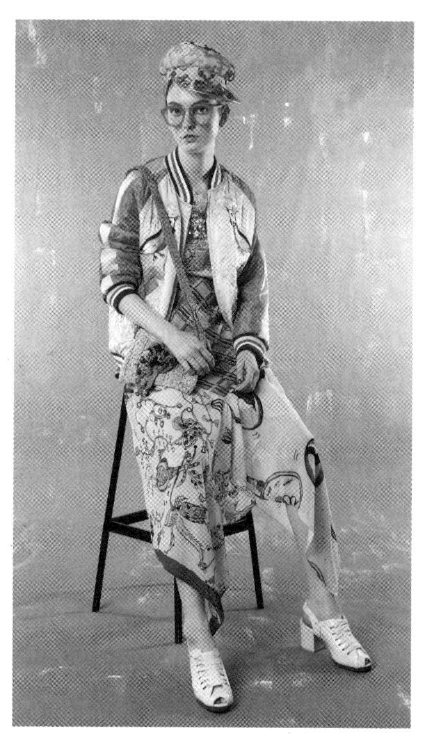

图 6-25　不同风格交叉搭配

上图是休闲式运动短外套搭配田园礼服裙，服装图案、款式均具有强烈的视觉冲击感。下图是展现女性美的紧身运动服与毛呢大衣叠穿，同时搭配运动鞋，毫无违和感。

图 6-26　不同性别交叉搭配
裸露肩膀、收腰、鲜艳色彩都是女装的特点，男女混搭穿戴是现代的时尚穿法。

第四节　服饰品的选择与搭配

人类自蒙昧时代就开始装饰自己，服饰这个社会现象和每个人的生活息息相关。无论你喜不喜欢，你的穿着打扮总是形象地揭示出有关你的身份和个性。在这个越来越强调视觉隐喻的世界里，服饰代表了一种地域文化、一种时代特征。

一、服饰品的分类

服饰品可以理解为装扮服装的“配件”，这些饰品可以直接戴、挂或套在身体的某个部位，他们不仅可以增添服装的亮点，也是展示个性的重要因素，特别是塑造形象时不可或缺的小道具。根据时间、场合和目的等因素，人们还应当考虑自身的形象特点来选择适当的饰品，并要与所穿的服装搭配，尽可能使饰品成为整体的亮点，但也要避免出现饰品堆积的现象。

服饰品包括许多种类，它们具有不同的用途和装饰效果。从使用的角度来说，通常分为两大类：一类是实用价值明确、使用性较高的服饰品，如帽子、鞋、围巾、腰带、包、手套、眼镜等物品；另外一类则是以装饰为目的的饰品，如项链、耳环、胸针、手镯、戒指等。它们都是服饰形象中不可缺少的组成部分，只是在实用性与装饰性上，各有所侧重。

二、服饰品的功能

社会心理学家认为，服饰也是一种语言。可以说，服饰是人们传达心中特定意念的具体方式，犹如一套复杂的符号系统。不同时代、不同民族都有自己独特的服饰语言。

（一）服饰品的象征功能

多少世纪以来，服饰品一直被用作区分贵贱、贫富的标识。服饰品的象征意义是通过图案、色彩、款式、质地和工艺手段等视觉形式来表现，经常采用比喻、寓合、谐音、拟人等手法。中国历代帝王以冕冠来象征其威严；明清的文武官员分别用不同的鸟类图案与兽类图案缀于服装的胸背部来区分等级。在民间，多以石榴比喻“多子”，以鱼纹表示“有余”，以白鸽表示温柔纯洁。用这些题材来设计的服饰品，起到了标志和象征的作用，能够唤起人们强烈的情感。藏族妇女的盛装是以展示财富为特点的，安多地区妇女的佩饰主要集中在头部，重重叠叠未经加工处理的琥珀、玛瑙等披挂于身，真是璀璨夺目、富丽堂皇，如图 6-27 所示。在现代社会，服饰品虽然不再能精确地区分贫富，但能诠释穿着者的文化品位和生活方式。

图 6-27　神秘的藏族头饰是财富的标志

（二）服饰品礼仪功能

礼仪指礼节仪式，礼仪是一种传统习俗。长久以来，服饰品作为礼仪的一部分，发挥了重要的作用。我国少数民族形形色色的民间礼俗，如诞生礼、成人礼、婚礼等通过服饰表现得淋漓尽致。如裕固族的姑娘在十七八岁时，其父母要选择吉日为女儿举行戴“头面”的仪式，象征女儿成年并接受众人祝福。20世纪以前，西方女性在公共场合如果没有戴帽子，犹如向人宣称“我是妓女”一样。如今，人们一般只在特殊场合或遮阳御寒之时佩戴帽子，传统帽子的消失简化了严肃的正式礼仪，也被视为民主化的象征。

现代人在约会、拜访客人、参加聚会时得体的服饰和妆容是很好的礼仪表现。领结、领带、丝巾、胸花、首饰这些服饰品都有传统性的礼仪标示作用。在一些重要场合，如学术活动、商务洽谈、政治性会晤，按照国际礼仪，男士应穿深色西服系领带、戴优质手表；女士应穿单色、端庄大方的套裙，并佩戴首饰、化淡妆。在正式的宴会、酒会上，每个国家都有非常仔细周到的传统服饰礼仪标准。

（三）服饰品装饰功能

对首饰单纯审美的需求，成为现代首饰的第一功能——装饰功能。过去一些有特定含义的首饰，在今天，起着单纯的装饰作用，使现代首饰获得了前所未有的自由表现空间。现代首饰开始追求纯粹的空间构形，引导配戴者向丰富而幽深的感觉层次回归。大量廉价材料在首饰中的运用更推进了这一改变。如在一些民族作为辟邪象征的耳饰，现在它的象征意味已大大减弱，而成为一种重要装饰品。

三、服饰品的佩戴原则

（一）服饰品与服装整体风格统一

服饰品是由色彩、形状、材质构成的，这三个构成要素的变化，使饰品的种类、形式变得多种多样。同理，主体服装也有色彩、形状、材质这三大元素，人的形象也是由这三者最先传递出来的。这三者的变化，使人的形象发生改变。因此，为了塑造一个完美的形象，必须要让主体服装的“形状、色彩、材质”与饰品的“形状、色彩、材质”共同构成协调统一的风格特征（图6-28）。

饰品无论是在选材上还是在配色上，风格都要与服装保持一致。特别是珠宝首饰，适用在隆重的社交场合，如果在工作、休闲时佩戴，就显得过于张扬。休闲服配搭大型有质感配饰；职业装配搭简洁配饰。又如在日常生活、外出旅游时，人们的穿着较为自然、轻松，与之相配的筒包、休闲包、旅行包、单肩手袋包、腰包等，自然得体，可大可小，如图6-29所示；女士们参加朋友聚会、生日晚会等活动时，所穿着的服装应高雅别致、得体大方，款式众多的宴会小包是这种环境的最佳选择，如图6-30所示。

图6-28　奢华休闲风服装搭配奢华休闲风配饰（服饰品牌：Dolce & Gabbana）

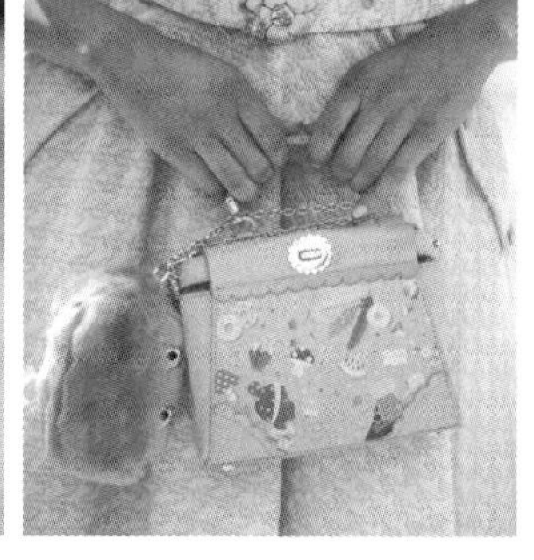

图6-29　休闲小包

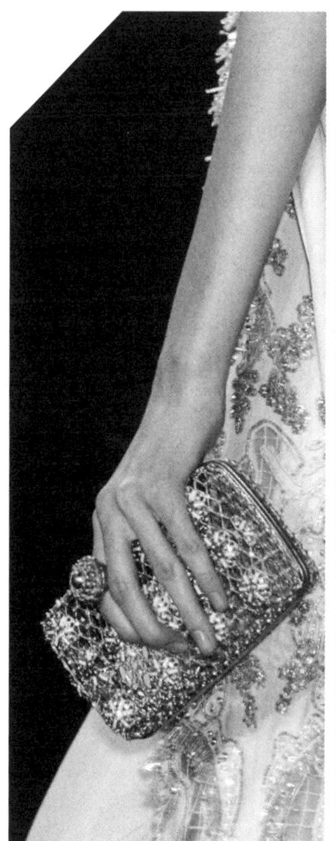

图6-30　宴会精致小包（服饰品牌：Elie Saab）

图 6-31　配饰主次分明（服饰品牌：Town & Country）

图 6-32　根据自身条件选择配饰
对于那些体肤对比关系强烈，长得浓眉大眼，身上就需佩戴色彩、材质对比强烈的配饰；对于体色关系柔和，长得眉清目秀的人，身上就需要色彩相对柔和一些的配饰。

（二）服饰品之间主次分明

佩戴饰品不是多多益善，而是以少为好。最好不要超过三种。饰品过多，周身琳琅满目，反而给人以烦琐、凌乱和俗气的感觉。如果同时佩戴两件或两件以上的首饰，要求色彩或风格一致或质地相同；佩戴时以一两种饰品为主，其余饰品为辅，如胸饰与耳饰同时佩戴，胸饰大型又精彩，耳饰一定简略，如图 6-31 所示，反之同样。

（三）佩戴服饰品宜显优藏拙

选择饰品时，一定要根据自身条件的优劣和需要强调的重点来选择，这样才能收到好的装饰效果。如服饰品的大小要和身材成比例，一般而言，对于那些身材高大的人适宜佩戴大首饰，而身材矮小的人则佩戴小巧精致一些的首饰更好。如果一个皮肤质地粗糙的女人，却硬要去驾驭光滑细腻的珠宝，那只能放大她的皮肤缺陷；相反，如果选择自然、纹理偏粗糙的木纹饰物或民族、民间饰品，便能迎合其天然的肤质，营造出质感统一的粗犷美（图 6-32）。

同理，一般来讲，身材高大、身体轮廓偏直线型的人，适宜使用直线倾向的大包，这类包一般具有面料硬挺，直纹、格纹图案，装饰物多直线形的特点（图 6-33）；相反，身材娇小、身体轮廓偏曲线型的人，适宜使用曲线倾向的小包，这类包一般面料柔和，花朵图案，绣花、拼花、装饰物等多具曲线型的特点。

每个人都希望有一个完美的形象，但配饰数量一定以少而精、有主有次为宜，假如从头到脚全部装饰起来，不仅不美，反被美学界称之为“艳俗”。服饰佩戴还要寻找到自己与装扮元素之间的共性关系。所以要了解自己，理性地看清自己的形象特征，这样才能从各种服饰品中找到适合自己的产品。这也是挑选服饰品的最基本的法则。

图 6-33　根据体型选择包袋（服饰品牌：Coach）
这款直线单肩包，适宜身材高大偏直线型的女性。

本章小结

●学习服饰的穿着与搭配，首先要对自身条件进行分析，如相貌、体型、肤色、气质、身份、生活环境等。

●研究服饰色彩及服饰款式的应用方法，这样才能灵活掌握服饰搭配技巧。

●服装的造型、色彩、配饰既要与服饰形象整体协调，又应该具有独立的个性展示。由于服饰的品类繁多，着装者应该具有丰富的服饰方面的知识，这样才能使服装与饰品的搭配组合恰到好处。

参考文献

[1] 何林军 . 美学教程 [M] . 长沙：湖南师范大学出版社，2009.

[2] 王朝闻 . 美学概论 [M] . 北京：人民出版社，1981.

[3] 孟萍萍 . 服饰美学 [M] . 武汉：武汉理工大学出版社，2012.

[4] 徐宏力，关志坤 . 服装美学教程 [M] . 北京：中国纺织出版社，2007.

[5] 吴卫刚 . 服装美学 [M] . 北京：中国纺织出版社，2000.

[6] 齐奥尔格 • 西美尔 . 时尚的哲学 [M] . 费勇，等译 . 北京：文化艺术出版社，2001.

[7] 珍妮弗 • 克雷克 . 时装的面貌 [M] . 舒允中，译 . 北京：中央编译出版社，2000.

[8] 叶立诚 . 服饰美学 [M] . 北京：中国纺织出版社，2001.

[9] 欧阳周，陶琪 . 服饰美学 [M] . 长沙：中南工业大学出版社，1999.

[10] 戴仕熊 . 服饰文化沙龙 [M] . 北京：中国轻工业出版社，1997.

[11] 吴卫刚 . 服装美学 [M] . 北京：中国纺织出版社，2013.

[12] 李晓蓉 . 服饰品设计与制作 [M] . 重庆：重庆大学出版社，2010.

[13] 李晓蓉 . 服装配色宝典 [M] . 北京：化学工业出版社，2011.

[14] 申鸿 . 服装设计基础 [M] . 成都：电子科技大学出版社，2009.

[15] 李泽静 . 漫谈逆向思维在服装设计中的运用 [J] . 河南商业高等专科学校学报，2006（3）：121-122.